深层地下空间开发利用技术指南

彭芳乐　主编

U0274404

同济大学出版社
TONGJI UNIVERSITY PRESS

图书在版编目(CIP)数据

深层地下空间开发利用技术指南/彭芳乐主编. --上海：同济大学出版社,2016.4
ISBN 978-7-5608-6271-2

Ⅰ.①深…　Ⅱ.①彭…　Ⅲ.①地下建筑物—开发—技术—指南　Ⅳ.①TU9

中国版本图书馆 CIP 数据核字(2016)第 062240 号

深层地下空间开发利用技术指南

彭芳乐　主编

责任编辑	高晓辉　马继兰	**责任校对**	徐春莲	**封面设计**	陈益平

出版发行	同济大学出版社	www.tongjipress.com.cn
	(地址：上海市四平路 1239 号　邮编:200092　电话:021-65985622)	
经　销	全国各地新华书店	
印　刷	常熟市大宏印刷有限公司	
开　本	850 mm×1168 mm　1/32	
印　张	5	
字　数	134 000	
版　次	2016 年 4 月第 1 版　2016 年 4 月第 1 次印刷	
书　号	ISBN 978-7-5608-6271-2	

定　价	36.00 元

前　言

根据"十二五"国家科技支撑计划课题《城市深层地下空间与地下综合体开发技术及数字化研究》（课题编号：2012BAJ01B04）的任务书要求，由同济大学组成编制组，编制了《深层地下空间开发利用技术指南》（以下简称《指南》）。

本《指南》共分 8 个章节，主要内容包括：1 总则；2 深层地下空间定义；3 深层地下空间利用设施；4 深层地下空间利用模式；5 深层地下结构形式；6 深层地下设施的安全间隔距离；7 深层竖井结构；8 深层隧道结构。

编制本《指南》的目的，是为了在未来深层地下空间的开发利用过程中，让相关规划单位及建设单位有一个共同的技术指南参考，从而使相关的事业单位、技术人员等能够依靠统一的尺度进行深层地下空间资源的开发利用及管理。

编写单位和主要起草人

主 编 单 位：同济大学

参 编 单 位：浙江大学

上海建工（集团）股价有限公司

主要起草人：彭芳乐　朱合华　贾建伟　乔永康

徐日庆　王美华

目　　录

1 总　　则

1.1 目　　的

本《指南》的目的,是为了在未来深层地下空间的开发利用过程中,让相关规划单位及建设单位有共同的技术指南参考,从而使相关事业单位、技术人员等能够依靠统一的尺度进行深层地下空间的合理开发利用。

深层地下空间利用的对象为道路、铁路、电力通信、电气、天然气、河流等,目前各相关事业单位根据行业特点自行进行规划、设计、施工和管理。但深层地下空间的合理开发利用需要各个事业单位的协调,如果每个事业单位均使用自身的技术标准,就会导致深层地下空间开发的无序性,因此,本《指南》试图使各事业单位有统一的技术资料可以参考,为深层地下空间的合理开发利用及建设做出一定的贡献。

1.2 内　　容

本《指南》,定义了深层地下空间的概念,并从技术的角度对

深层地下空间的开发利用方面做了一定的规定,具体包括以下
几方面的内容:

(1) 深层地下空间的定义方法;

(2) 深层地下空间的利用方式及模式;

(3) 根据深层地下设施的规模确定其隔断距离;

(4) 深层竖井结构的力学响应特征;

(5) 深层隧道结构的力学响应特征。

1.3　适用范围

本《指南》只针对城市建筑物用地的深层地下空间的开发利用,其他用途的地下空间利用参考其自有的法规及指南。

本《指南》只针对直径 20 m 以内的单圆盾构隧道,除此以外的其他盾构隧道,可以参考本技术指南加以进一步研究。

本《指南》是依据现有的理论进行研究而完成的,随着未来可能更多深层地下工程的不断进展以及对深层地下结构的深入研究,本《指南》也会根据新出现的技术见解进行更新。

2 深层地下空间定义

2.1 日本大深度地下空间定义

2001 年,日本政府正式通过了《关于大深度地下公共使用的特别措置法》,明确了大深度地下空间的概念:一般定义为距离地表 40 m 深度以下的空间,对于持力层深度大于 30 m 的地下室或桩基础,其底部 10 m 以下的空间为大深度空间。具体如图 2-1 所示。

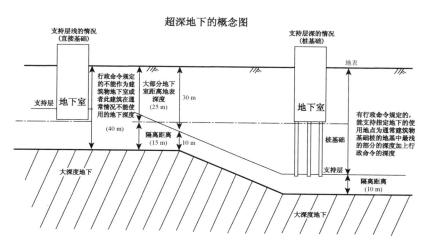

图 2-1 日本政府有关大深度地下空间的定义

2.2　本指南深层地下空间定义

在我国,不同城市对于地下空间竖向分层的划分有所不同。同济大学地下空间研究中心联合上海城市规划设计研究院将上海地区地下空间分为浅层(−15 m 以上)、中层(−15～−40 m)以及深层(−40 m 以下)三个层次。

北京市最早提出了深层地下空间的概念。根据《北京市中心城中心地区地下空间开发利用规划(2005 年)》的定义,地下空间可以划分为以下四层:浅层空间(−10 m 以上)、次浅层空间(−10～−30 m)、次深层空间(−30～−50 m)和深层空间(−50～−100 m)。

其他一些城市如广州、厦门,将城市地下空间划分为三层:浅层(−30 m 以上)、中层(−30～−50 m)以及深层(−100 m 以下)。

在本《指南》中,深层地下空间专指地表以下 50～100 m 范围内的地下空间。

3 深层地下空间利用设施

3.1 电 力 设 施

电力系统由发电所、送电设备、变电所以及供给到各个需求单位的配电设施组成。我国之前的产业发展特征是以配电设施的低价和迅速普及为重点,因此地下配电率比较低。

从城市景观以及提高防灾性能的观点来看,配电设施地下化是社会的必然要求。规模大的发电设施可以安置于深层地下空间,高压送电线置于共同沟或专用通道中起连接输电作用,整个城市的供电系统形成一个巨大的地下网络系统。

在现代,城市电力驱动了各种基础设施,为维持城市基础设施的正常运行,供电必不可少。因此,当发生大面积灾害时,大规模的断电会对交通、通信、医疗、行政等的正常运转造成巨大破坏。

根据已有的调查结果,灾害发生时虽然不同的基础设施需要的电量不同,但总体上保证平时电力供应的三分之一是必须的。从防灾的角度考虑,将供电系统设置在深层地下空间,对于维持城市的正常运行是大有益处的。

3.2 热 力 设 施

随着城市开发的推进和生活方式的改变，尤其是不断增大的能源消耗，造成城市的绿地面积不断减少，雨水的内滞留功能失去，最终形成热岛效应。为了减轻能源消耗给环境带来的负担，引进废热利用系统、提高能源的利用效率十分重要。

热力供应系统是指针对暖气、冷气、热水等能源的需求，从专用的热源装置通过导管向用户提供蒸汽、高温水、冷水等，从而达到防止大气污染、节能、防灾等效果。

东京的城市废热来源，污水处理厂占 42％，火力发电所占 33％，垃圾焚烧厂占 14％，地铁占 11％，这能够提供城市需要热能总量的 83％。通常产生废热的地区和需要热能的集中地区很少会一致，在目前城市地下空间利用错综复杂的状况下，想大范围构建新的热供应网络相当困难，因此为将这些废热转换为热能加以充分利用，利用深层地下空间进行规划存在切实的可行性，需要从城市基础设施整合的角度上将其设计成一个大范围能源利用系统。

3.3 天然气设施

目前，城市的天然气输送以地下输送为原则，但大多是直接挖开道路,将其安置在浅层共同沟内,进行铺设,并没有预留养护的空间,后期由于修补空间和防爆设施的负担则会造成成本上升。从安全性和发生灾害时供给的角度考虑,在深层地下空间内共同设置天然气管道和其他管道是十分可能的。

根据已有的经验,当发生大范围的灾害时,天然气的供应就会变得很不稳定,几乎所有的灾害中都暴露出了天然气管道的脆弱性。天然气是城市的主要能源,无法使用会给城市的正常运行带来巨大伤害,将天然气管道设置在深层地下空间会使城市的运转变得更加安全。

3.4 上 水 道

从管道普及的观点来看,城市现有的上水道设施已经比较成熟。然而由于送配水管大多处于浅部地下空间,漏水灾害时有发生。从配水功能的效率化和安全性方面考虑,将分散的净水厂和供水厂有机结合起来是十分必要的。

相对于最近在大城市频繁出现的城市洪涝和干旱问题,可以通过在深层地下空间设置干线水管作为后备储水厂,协调不同水源的净水厂和供水厂。一个直径 2.5 m、长度为 10 km 的管路,其储水能力约为 5 万 t。准备若干这样的管路,既可以在洪涝期进行储水,也可以在干旱期进行补水,从而实现水源之间的相互支援。由于深层地下空间配水管内为流水,不需要像储水箱里的存水一样定期替换,因此在灾害发生时能够迅速恢复供水。

3.5　下　水　道

目前针对城市下水管道负担增加的问题,一直停留在人口增长导致污水、生产生活废水等增加的层面上,其实雨水处理才是更大的问题。在城市中心,雨水不会渗透到土壤中,大多数的降水都是直接流入到下水道中。

通过设置雨水和污水分别流出的分流式下水道,可以有计划地对污水和不浑浊的雨水进行分别储水,同时利用深层地下河川的储水功能,使雨水成为杂用水水源。

3.6　通　信　设　施

随着信息化的发展,现有的通信设施能力不足显而易见。通信安全对于科学技术、政治经济活动的重要性受到广泛重视,在深层地下空间设置通信设施,即使大范围灾害发生时,也能够保证信息通信的安全,进而保证整个城市的正常运行。

3.7　垃圾处理设施

现代化的城市每天要产生大量的生产生活垃圾,产生的垃圾要依靠卡车进行长时间的运输。当前的问题是垃圾回收效果差,同时焚烧厂和填埋处理厂周边垃圾车过于集中,造成干线道路的堵塞,给周边的居民生活带来较大的影响。因此可以考虑通过深层地下空间通道,提高垃圾运输效率,改善城市环境。

可以在各个生产生活中心设置垃圾处理集中中转设施,将商业街及住宅区产生的垃圾进行集中,然后通过专用的电梯运到地下深层,专用的垃圾运输车将垃圾送到处理厂后进行严格的垃圾分类,再进行后续处理。

当发生大规模的灾害时,大量的家庭损毁的财产垃圾、倒塌房屋的建筑垃圾、火灾后房屋残骸等的处理都存在重要问题。如果能够充分利用深层地下空间的垃圾运输功能,对于城市救灾工作的作用显而易见。

4　深层地下空间利用模式

城市深层地下空间开发利用由于技术和经济上的诸多限制,结合日本的已有经验,主要可以分为封闭性再循环系统(recycle system)模式以及分层开发地下空间模式。

4.1　封闭性再循环系统模式

在封闭性再循环系统模式中,选取典型地区作为网络节点,并布置深层竖井(基坑),进行地下空间综合开发,然后以深层隧道作为网络骨架,并将各个节点连通,即用工程手段将多种循环系统有机地组织在一定深度的地下空间中。所有物流系统的运送、处理以及回收都在这个大循环系统中进行(图 4-1)。

网络交叉点上的地下综合体的形状趋向于优点较多的圆筒形竖井结构物,直通地面。在综合体中布置办公、商业、娱乐等多种设施以及地铁车站等,使更多的城市功能转入地下空间,同时也要注意结构物内的通风换气、排烟、采光、绿化等问题。

在封闭性再循环系统中,可以将使用后的污水经处理后重复使用,从废弃物中回收其中的热能对地区进行供暖,将电力系

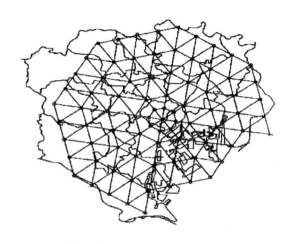

图 4-1　封闭性再循环系统模式

统和某些生产过程中的大量余热、废热回收,建设过程中开挖后多余的土也可以进行再利用。在资源有限的条件下,大幅度提高城市生活质量,同时对城市功能、城市结构以及城市面貌等多方面产生深远的影响。

4.2　分层开发地下空间模式

当城市深层地下空间不适合公共活动,可达性差时,可以统筹部署地下物流等城市基础设施以及特种工程等功能。

根据不同设施的适宜条件,将可利用的地下空间由浅至深分为五层(图 4-2)。第一层设置为与人类生产生活密切相关的地下共同沟,内部收容基础设施,如电力线、燃气管道、通讯光缆、自来水管、供热管道等;第二层设置为日常有大量人员出入、

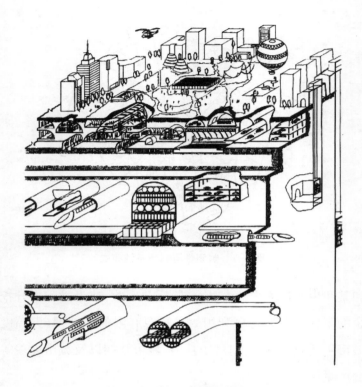

图 4.2 封闭再循环系统模式

使用的地下空间,如地下商场、娱乐设施等;第三层为人员活动时间相对较短的空间,如污水管道、地下铁路、地下快速道路、地下停车库等;第四层为专业人员使用的设施——动力设备、变电站、地下快速物流、地下废弃物处理厂等;第五层可以设置为地下河川、地下蓄水池等特种工程,为城市在遭遇洪涝等灾害时提供一定保障。总的来说,日常的、人多的地下设施应该设置在相对稍浅层的位置,而非日常的、人少的地下设施可以设置在相对更深层的位置。

5 深层地下结构形式

一般而言,适合深层地下开发的地质是岩石地质,特别是裂缝少的基岩。开发深层地下空间的工程中,由于圆形截面对高水压和高土压具有较高承载力且不存在应力集中现象,因此在设计深层地下基础设施时宜采用圆形隧道结构物(图 5-1)。

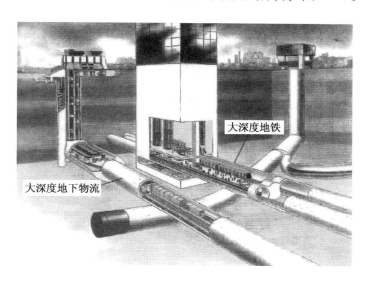

图 5-1　深层地下结构形态

在深层隧道内收容的基础设施,包括有废弃物搬运车的道路、为地区住宅及办公室提供废热的热供应管、上水道和下水道、天然气管道以及灾害发生时作为生命线的储备设施等,为了将这些管道更为有效地收容起来,隧道截面占用空间的划分非常重要。

隧道中间的空间最大,可以作为废弃物搬运车的往返通行双向专用道路,搬运车可以采用混合动力卡车,在隧道中主要以电脑控制、电力驱动,当灾害发生时可以燃油驱动、人工驾驶。隧道上端的空间设置重量比较轻的电力线、通讯光缆及热供给管等,余下的空间也可以作为邮寄用的胶囊运输管道。隧道下部的空间最小,可以设置重量比较大的上水管以及消防水管等,可以收容的基础设施配置图如图 5-2 所示。

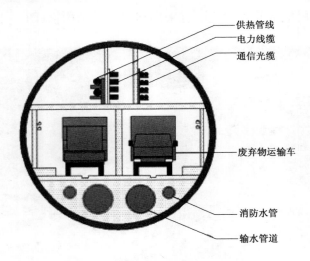

图 5-2 深层地下空间基础设施配置图

深层地下隧道的直径,则取决于上水道和下水道、天然气管道、热力管道等各项基础设施的规模,这就需要调查各项基础设施供给对象的规模,对于建筑面积大且人口密集的地区,相应的基础设施规模也更大。在得到各种资源需求量的基础上,计算出相应的电力管线、上水道、下水道、通讯管线等的配管直径。

现以上海市为例分析各基础设施的设置形式。首先,需要按照能源消耗将上海市划分为若干个中心区,每个中心区均有一个中心点,将每个中心区内大规模建筑物作为供应对象,调查其规模进而估算其需要的各类能源量,然后计算出对应各能源供应管道的直径。每个中心区内的深层地下空间基础设施需要保证此中心区在平时及大规模灾害发生时均能够顺利运行。

在设置城市基础设施时,分为各事业单位自主施工和共同施工两种情况。采用共同施工既可以降低建设费用、节约使用空间,又可以缓解交通阻塞、提高城市环境质量。尤其是在深层地下空间这一抗震性能很高的地层内,铺设上水供给、电力供给、天然气供给等基础设施,导入热能供给、垃圾搬运等新城市基础设施,可以显著提高城市的安全性和经济性。

对于评价深层地下空间基础设施的效果,应该注意将平时跟大规模灾害发生时的功能区分评价,具体可以参照表5-1。

表 5-1　　　　　　　　　评价项目

大范围灾害时	上水供给	·大范围灾害时高峰可供给量 ·大范围灾害时生活用水供给可能的天数
	电力供给	·大范围灾害时高峰可供给量
	热能供给	·大范围灾害时高峰可供给量
平时	上水供给	上水使用量的节约效果
	垃圾处理	·通过车辆数 ·总行走距离 ·车辆集中量
	电力 天然气 热能	能源节省性

6 深层地下设施的安全间隔距离

为了避免深层地下空间的开发对既有建筑物造成不利影响,根据其规模,深层地下设施需要与已存在的建筑物之间具有一定的间隔距离。在深层地下空间建设隧道结构物,不同直径的隧道所需要的与已有建筑物的安全间隔距离显然是不同的。

以上海地区为例,深层地下空间的地质条件与浅层地下空间的地质条件差异很大,以砂土为主,相对来说地质条件更加好一些。对于隧道的建设,原则上间隔距离要大于 1 倍的隧道直径,在距离已有建筑物 1 倍隧道直径的空间内,不允许进行隧道的建设。

对于一般的深基础,当拟建设的隧道直径小于 15 m 时,隧道顶部距离基础底面的隔断距离不能小于 15 m;当拟建设的隧道直径大于 15 m 的时候,隧道顶部距离基础底面的隔断距离不能小于 1 倍的隧道直径[图 6-1(a)]。

对于采用桩基础的情况,当拟建设的隧道直径小于 8 m 的时候,隧道顶部距离桩端的隔断距离不能小于 8 m;当拟建设的隧道直径大于 8 m 的时候,隧道顶部距离桩端的隔断距离不能小于 1 倍的隧道直径[图 6-1(b)]。

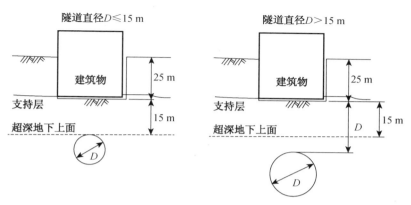

（a）直接基础的情况

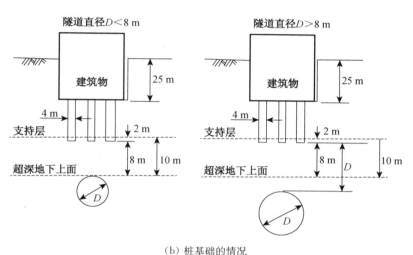

（b）桩基础的情况

图 6-1　深层地下设施安全间隔距离示意图

不过根据既有隧道用途的不同，如果对于其位移、应力等具有严格限制，新建隧道的施工对其影响仍然有必要进行科学研究。

在距离已有隧道（0.5～1）D 处的位置处建设新的隧道结

构,在以下的情况下,需要考虑其对既有隧道结构造成的影响:

(1)原则上标准贯入试验函数 $N>50$ 的地层,可以不考虑新建隧道对既有隧道的影响。不过对于深层地层强度比较小的情况,邻近施工造成的影响不可忽略。

(2)在既有深层隧道的下方设置新的隧道结构,隧道之间的地层松动造成既有隧道产生较大应力和位移的情况。

(3)根据既有隧道的用途,对其变形、位移、倾斜等有严格限定的情况。

(4)既有隧道相比新建隧道的外径较小,隧道间隔实质上变小的情况。

(5)新建隧道建设过程中的作用力,包括盾构推力、注浆压力等对既有隧道造成不对称压力,从而使其产生较大的应力和位移的情况。

在距离已有隧道 $0.5D$ 以内的位置处建设新的隧道结构,对已有隧道构造成的影响非常明显,因此任何情况下都要对其影响进行详细的技术分析。

7 深层竖井结构

7.1 竖井设置形式

深层竖井结构作为施工过程中的工作井以及工程完成后永久性的地下综合体，对于施工过程的顺利进行、施工完成后地下各项基础设施发挥最大功效具有至关重要的作用，由于竖井开挖需要达到地表 50 m 以下，截面形状优先采用圆形断面。

竖井的位置根据隧道用途选定，并需要配合地面的竖井基地，各个竖井之间的距离并不相等。这些竖井中哪一个用作盾构出发竖井、哪一个用作到达竖井，其结果会对施工顺序和施工周期产生非常大的影响。出发竖井的地面部分包括挖掘起点基地，因此需要一定的空间，但在城市中心很难找到可供大直径盾构机出发挖掘的空间。此外，起点基地周边需要考虑噪音、震动、地基变形、交通及水质等环境因素的变化，所以也要考虑盾构施工的操作性以及经济性，从而决定比较有施工效率的竖井位置和数量。如果减少挖掘起点竖井的数量，每台盾构机的挖掘距离就要加长。

在深层地下空间规划中,竖井在其原有的功能基础上,还必须具备各种附加功能,在竖井下部需要设置可以应对大规模灾害发生时的仓库及各种备用设备,并为连接将来再建隧道等设计废弃物搬运车的转向车道,因此竖井下部需要进行扩张设计。

竖井上部可以设置在地下 15 m 范围内,与已有建筑物的地下 2～3 层相连,在这部分可以设置废弃物搬运车进出竖井的高速电梯,同时需要尽量减少竖井露出地面的部分,减小对城市美感的影响。竖井底部一般比隧道埋深要深几米,这一底部空间可以设置高速电梯的机器设备以及将上水抽到地面的机械设备等。

竖井作为隧道内各种设备的出入口,管道及光纤沿竖井侧壁固定,与浅部的共同沟和专用管路连接。

总体来说,由于竖井的整个高度在 50～100 m 之间,可以将整个空间分割成 10～15 层,下层空间可以设置电力设备、隧道换气设备等;中部空间可以放置一些灾害发生时的应急物资,给受难者提供帮助;上部空间则可以参考竖井周边的环境条件,作为集会、办公、商业等用途来充分发挥作用。

7.2　施　工　方　法

城市中心地带的深层竖井工程对施工的要求非常严格,同时由于高水土压力的作用以及工程降水可能引起的地面沉降对周边建筑物及管线的影响,选择安全可靠、经济有效的开挖方法至关重要。深层竖井工程最常用的施工方法主要有现代气压沉箱工法以及地下连续墙工法。

7.2.1 现代气压沉箱工法

现代气压沉箱技术机械化、自动化水平不断提高,在地质条件复杂、施工深度大、超近距离等复杂条件下施工中发挥出愈加重要的作用,能很好地避免地下工程施工的诸多环境问题(图 7-1)。目前深层气压沉箱技术已经能够达到水下 70 m 的深度,国内于上海轨道交通 7 号线工程 12A 标段浦江南浦站—浦江耀华站区间中间风井及一侧的风道工程首次实现了无人化施工的现代气压沉箱技术,下沉深度达到了 29.312 m。

相比于其他工法,现代气压沉箱工法在深层地下工程施工

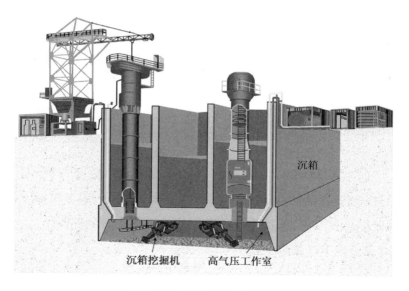

图 7-1　现代气压沉箱工法

中的优势主要体现在以下几点：

（1）工作室的高气压与周围水压力平衡，从而抑制地下水的涌入，最大限度地降低了对周围地下水的影响，基本上能达到"微扰动"的施工要求。

（2）采用自动化施工技术，整个过程实现无人化作业，避免了人员进入深层地下空间，既提高了工作效率又能保障施工安全（图 7-2）。

图 7-2　现代气压沉箱工法自动化施工

（3）信息化施工系统能够对施工过程进行实时监测，对施工过程中的数据信息进行采集管理并及时反馈，在出现施工问题时能够及时报警，从而保障整个施工过程能安全进行。

7.2.2　地下连续墙工法

地下连续墙整体性好、墙体刚度大，能承受较大的水土侧压力，结构变形小，抗渗隔水性能良好，对相邻建筑物和已有的地下设施影响小,特别适用于深层地下施工。地下连续墙工法是国内目前主要采用的深基础方法,通过基坑内降水后进行支撑土方开挖及内部结构的施工(图7-3)。目前在建的上海轨道交通13号线淮海中路站南端头井基坑埋深达到32.775 m,地下连续墙插入深度达到62 m。

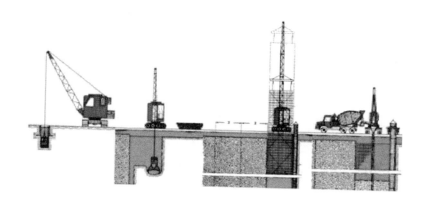

图7-3 地下连续墙工法

深层地下连续墙在垂直度、精度等方面有更高的质量要求,施工技术关键在于接头抗压防水、降水降压控制及支撑开挖等。上海地区深层地下连续墙施工的工艺难度主要在⑦层、⑧层内的成槽施工,其比贯入阻力 P_s 均值大,目前施工常用的抓斗式成槽机很难顺利成槽,因此需要采用"抓铣结合"工艺,即:上部软土层采用液压抓斗式成槽机成槽,下部硬土层采用铣槽机成槽。

铣槽机采用反向循环泵原理:铣槽机的两个铣轮在挖掘时相互反向旋转,连续切削下部的土体(岩体),然后将其碎成小块,再吸到槽中与泥浆混合,离心泵将形成的这些混合物送入一个循环除砂设备,通过除砂设备的振动系统将碎块与泥浆分离,并将处理后的泥浆重新进行循环利用(图7-4)。

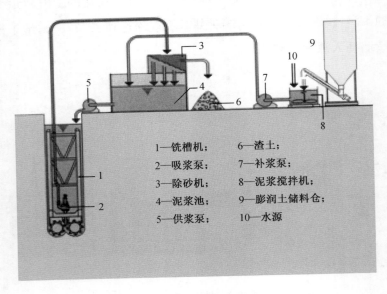

1—铣槽机;　　6—渣土;
2—吸浆泵;　　7—补浆泵;
3—除砂机;　　8—泥浆搅拌机;
4—泥浆池;　　9—膨润土储料仓;
5—供浆泵;　　10—水源

图7-4　铣槽机反向循环泵原理

深层地下连续墙施工的另外一大难点在于接头,虽然常规的锁口管接头工艺成熟、施工方便,但其整体刚度差,易产生接头渗水,并且由于开挖深度大,锁扣管或接头箱的顶拔风险巨大,容易发生埋管、塌槽风险。

在深层地下连续墙施工中,可以考虑采用套铣接头。其具有以下几个优势:

(1)施工中不需要其他配套设备;

(2)应力传递效果好,能够有效减少连续墙接缝夹泥;

(3)套铣接头不需要接头装置,施工不受深度影响,且能够有效控制漏浆现象(图 7-5)。

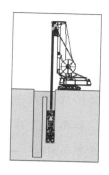
（1）一期槽段第一、二铣成槽

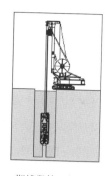
（2）一期槽段第三铣,成槽完毕

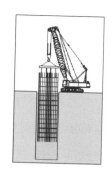
（3）一期槽段吊放钢筋笼

（4）一期槽段浇筑混凝土

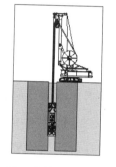
（5）二期槽段铣削成槽

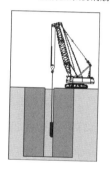
（6）接头刷清理接头

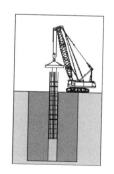
（7）二期槽段吊放钢筋笼

（8）二期槽段浇筑混凝土

图 7-5　套铣接头施工工艺流程

7.3 力 学 响 应

7.3.1 位移

气压沉箱施工引起的最大位移、最大垂直位移及最大水平位移值全部随开挖深度的增大而增大,且最大位移都发生在基坑底部,为基坑隆起造成的。底部隆起则集中在基坑中部一定范围内。相对于垂直位移,气压沉箱施工过程引起的水平位移要小很多。相同开挖深度下,相比气压沉箱工法,地下连续墙结构引起的最大水平位移和最大垂直位移都明显更大,影响范围更广。

气压沉箱由于布置水平框架、隔墙等结构,同时采用特有的竖向施工方式,因此相对刚度极大,侧壁的位移很小,在控制结构变形和土体位移方面有着明显优势。

气压沉箱施工引起的地表沉降基本呈抛物线形分布,最大值发生在沉箱侧壁的边缘处,深层气压沉箱施工过程影响的地表沉降区域集中在一定范围内,为 $1.5\sim2$ 倍的开挖深度;地下连续墙引起的地表沉降基本成凹槽形分布,最大地表沉降发生在远离墙体的一定距离处,地表沉降影响达到了开挖深度的 3 倍左右,超过同样深度的气压沉箱工法引起的地表沉降范围。

气压沉箱工法引起的土体水平位移分布形式与沉箱的下沉深度与土层性质具有较密切的关系。在深层工况下,存在着一个临界深度 H_0,在 H_0 以上的土体偏离沉箱方向移动,随深度的增加达到最大值随之减小,临界深度 H_0 处为一拐点,在 H_0 以下的土体偏向沉箱移动,先增大后逐渐减小,并在某一深度减小为零;相比于相同开挖深度的气压沉箱工法,地下连续墙施工在相同深度处引起的土体水平位移要大得多。

深层地下连续墙引起的位移分布具有明显的空间效应,基坑角点附近土体沉降较小,基坑侧壁中间位置土体沉降较大,且短边跨中与长边跨中位置处差异明显,基坑底部开挖面中央隆起最大。

开挖施工应严格按照"时空效应"理论,采用分层、分段、对称、平衡、限时等施工参数挖土。

7.3.2 受力

目前,对于深层竖井结构受力的研究更多地集中在静止土压力系数方面。

相关研究表明,估算浅层土体 K_0 值的方法并不适应于深层土体,深层土固结过程的 K_0 值为深度的函数,砂土 K_0 值随深度直线增加,黏土 K_0 值随深度呈幂函数增加;深层土卸载围压过程 K_0 值随深度减小而逐渐减小;卸载轴压过程中 K_0 值随深度减小而增大,达到峰值后急剧减小,并伴随主应力易向。深层土的 c,φ 是深度的函数,在地表下 500 m 范围内 φ 值降低约 $9°$。

传统的测量 K_0 值的室内试验或者原位测试中,土体难免受到一些扰动,由于 K_0 值的极端敏感性,哪怕极小的扰动也会影响最终的结果,造成一定的不确定性。因此,越来越多的研究人员试图建立一种通过非扰动的原位测试方法来间接得到 K_0 值的可能性,比如通过深厚表土地球物理特性(地震波波速、电阻率等)的测试间接得到 K_0 值。

Fioravante 等(1998)在实验室利用标准试验箱(圆柱形,直径 1～2 m,高度 1～5 m)测得了包括细砂、砾砂的七种砂土的水平剪切波速及竖直剪切波速,基于体波波速与有效应力分量的关系,从而得出了土体的静止土压力公式:

$$K_0 = \left[\frac{V_s(HH)C_s(HV)}{V_s(HV)C_s(HH)}\right]^{1/n}$$

式中　$V_s(HH)$——水平剪切波速;

　　　$V_s(HV)$——竖直剪切波速;

　　　$C_s(HH)$,$C_s(HV)$——材料维度参数,它们的比值反映了土体结构的各向异性;

　　　n——应力指数,表明主应力在波的传播和粒子运动中起到的作用。

在深层工况下,气压沉箱侧向土压力在每一层土体内大体呈现三角形分布,随深度的增大而增大,最大值作用在沉箱侧壁的最底部。

在地下连续墙工法中,开挖面以上范围内,侧向压力介于静止土压力和主动土压力之间,总体呈现波浪线分布,这主要是由于在各支撑处的墙体位移变形突变,墙体变形急剧变小,因此侧向压力更接近于静止土压力。长边中线及短边中线垂直处最大压力皆位于界面底部附近。开挖面以下范围内,土压力近似 R 字形分布。

结合来看,开挖面以上范围内,侧向土压力介于静止土压力和主动土压力之间,开挖面以下范围内侧向土压力波动较大。

如果仍然采用经典的主动土压力理论,低估基坑外侧土压力,会造成偏不安全的情况。

同时分析支撑间距、支撑截面大小以及地下连续墙刚度对地下连续墙受力影响发现,地下连续墙的刚度对地下连续墙的受力影响最大,支撑间距次之而支撑截面影响最小。因此未来施工中,如需要调整围护结构的内力,可以首先尝试修改地下连续墙的配筋,效果最为显著。

深层开挖中,应力路径并非一般意义上的侧面土体水平卸载,底部土体垂直卸载的简化划分法。部分区域因为支护结构的变形,也存在加载应力路径。并且,几乎所有的区域都发生了应力方向偏转,即有效大主应力方向不再是垂直有效应力方向,有效小主应力方向不再是水平有效应力方向。

根据结果,将气压沉箱的应力路径区域可以分为三个特征区域,分别为紧邻沉箱侧壁附近区域、沉箱底部区域和除以上两个区域外的小扰动区域;

将地下连续墙结构工法中土体的应力路径区域划分为四个区域:一为紧贴地下连续墙外侧,位于地表至基坑底部之间的区域;二为紧贴地下连续墙外侧,位于基坑底部至锚固段末端附近的区域;三为位于基坑底部,地下连续墙内侧,深度范围为基坑底部至锚固段末端的区域;四为除以上三个区域外的小扰动区域。

8 深层隧道结构

8.1 施 工 方 法

要在城市中心的深层地下合理建造多用途隧道,必须建造若干条长距离的隧道,如果修建隧道的时间过长,不仅不利于深层地下空间的顺利开发,建设费用也会成倍增长,同时还会对周边的环境造成更大的破坏。因此,对于深层地下隧道建设,最关键的问题就是如何进行长距离高速掘进。

设计深层隧道时,首先通过调查地质情况,分析并参考积累的地质数据库,经过试验和有限元的分析得出周围地层的应力与变形特点,从而分析出隧道承受的荷载,决定合适的衬砌类型并考虑特殊阶段的受力情况,最后选择适当的施工方法。

大深度、大断面的隧道施工,还需要考虑高水土压力的影响,以及长距离掘进过程中的通风、排土、供电、道具磨损等问题,同时也要注重隧道的抗浮问题。

综合考虑深层地下空间的地质地层条件以及水文地质条件,深层地下空间利用的施工技术以盾构技术为主,一般采用盾构法,包括泥水式盾构法(图 8-1)、土压平衡式盾构法(图 8-2)、开敞式机械化盾构法和气压盾构法等。

图 8-1　泥水式盾构机

图 8-2　土压平衡式盾构机

盾构机可以分为密封式和敞开式,其中密封式盾构机又可分为土压平衡式和泥水式,敞开式盾构机可分为全敞开式和半敞开式,全敞开式盾构机根据挖掘方式不同又可分为手掘式盾构机、半机械挖掘式盾构机和机械挖掘式盾构机,半敞开式则为挤压式盾构机。通常需要根据地层条件和施工条件选择适宜的盾构机进行施工。

以上海地区深层隧道建设为例,由于深层地层以砂土层为主,含水量较大,因此敞开式盾构机就不适用于此,需采用封闭式盾构机进行施工。在高水压地层进行长距离挖掘,更加适合的是泥水式盾构法。

泥水式盾构法通过泥水的加压作用维持开挖工作面的稳定,旋转刀盘切削下来的土砂经搅拌后以流体的形式运送到泥水分离系统,将渣土、水分离后重新运回泥水仓。

泥水式盾构法应用于大深度、大断面长距离高速掘进,其主要有以下几个优点:

(1)泥水传递速度快且均匀,开挖面平衡泥水压力控制精度高,对周边土体的扰动小;

(2)盾构出土进度快;刀盘、刀具磨损小,适合长距离施工;

(3)刀盘所受扭矩小,更加适合大直径隧道施工;

(4)适用于松散的砂土层,尤其适用于含水量大的砂土层隧道。

8.2 力 学 响 应

岩土工程中土拱效应产生的本质,是因为土体本身作为颗粒物,在力的作用下产生不均匀的位移,充分利用自身抗剪强度来抵抗外力的影响,因此应力发生转移或集中,此即土压力的拱效应。

当土拱效应存在则基本上要满足以下几个条件:①土体之间产生不均匀的相对位移;②要能够形成稳定的拱脚;③土体具有足够的抗剪强度,使土体能够调动自身的抗剪强度进行应力转移。

当 H(埋深)/D(隧道直径)比足够大时,在砂性土地层中的盾构隧道上覆土压力具有比较明显的土拱效应,如果此时采用全土柱理论计算盾构隧道的上覆土压力,无疑是偏保守的,会造成巨大的浪费。孙钧等(1984)通过对上海地区圆形隧道的上覆土压力值进行监测发现,对于饱和淤泥质软土层,随着时间的增长,上覆垂直土压力值接近于土柱理论的结果;而对于较好土质的情况,上覆垂直土压力远小于土柱理论计算值,有较明显的土拱效应,需要考虑其他计算方法。

在砂土中的盾构隧道埋深达到 3 倍隧道直径时,隧道上覆土压力已有明显的拱效应,其值小于全土柱理论计算值,因此将 H/D 比值达到 3 的埋深作为深埋浅埋的分界点。

在深层埋深下,本指南建议的隧道上覆土压力公式为

$$\sigma_y = \sum_{i=1}^{n} r_i h_i \, \mathrm{e}^{-\frac{a(x-R_0)^2}{R_0^2}}$$

$$\frac{erf(\sqrt{a})}{\sqrt{a}} = \frac{2R_0 \sum\limits_{i=1}^{n} r_i h_i - 2\sum\limits_{H-1.5R_0}^{H} \lambda(k_0 r_i h_i \tan \varphi_i + c_i)}{R_0 \cdot \sqrt{\pi} \cdot \sum\limits_{i=1}^{n} r_i h_i}$$

式中　σ_y——隧道上覆土压力(kPa)；

　　　r——土体重度(kN/m^3)；

　　　φ——土体内摩擦角(°)；

　　　c——土体黏聚力(kPa)；

　　　k_0——侧压力系数；

　　　H——隧道埋深(m)；

　　　λ——侧向摩擦力折减系数,建议取 0.5；

　　　a——高斯修正系数；

　　　R_0——隧道外半径(m)。

附录 A 深层基坑结构三维 有限元分析

A.1 工 程 概 况

世博园区专用交通联络线工程是上海轨道交通 13 号线工程的一部分,线路起点为一期工程南京西路站南端,终点为长清路站南端,线路全长 6.97 km,均为地下线,设 6 座车站,从北至南依次为淮海中路站、淡水路站、马当路站、卢浦大桥站、世博园站和长清路站,最大站间距 1 651 m,最小站间距 622 m。其地理位置及具体线路走向详见图 A-1。

淮海中路站位于卢湾区瑞金一路以东、淮海中路以北,呈西北—东南走向,为地下 6 层岛式站台车站,地下六层为站台层、地下五层为设备层、地下四层为站厅层、地下一至三层为地下空间开发层。车站北半部位于向明中学地块下,顶板覆土厚约3.7 m;南半部贯穿待开发龙凤地块,地面以上为龙凤大楼待建物业,共 5 层,高约 24 m,钢筋混凝土框架结构。位于车站投影面范围内地块地下室与车站统一设计,同时施工。

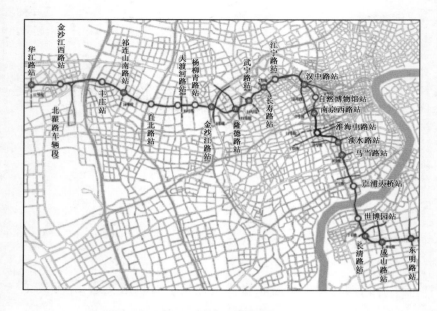

图 A-1　工程地理位置及线路走向示意图

车站主体部分长约 155 m,宽度为 23.60~28.35 m。站台中心处埋深 30.42 m,南北两端头井埋深为别为 32.28 m 及 31.97 m,如图 A-2 所示。车站西北侧地下附属结构基坑埋深为 18.29 m,车站东南侧地下附属结构基坑埋深为 26.34 m,其余附属结构(5 个出入口和 3 个风井)基坑埋深为 12.60 m。车站及附属结构基坑设计均采用框架逆筑法施工,围护结构均采用地下连续墙。另外,淮海中路站③b 出入口穿越瑞金一路拟采用顶管法施工,顶管管道埋深约 10.8 m;此外,根据设计需要,车站下可能设置抗拔桩、立柱桩。

车站台中心处埋深 30.92 m,南北两端头井埋深分别为 32.28 m 及 32.47 m。围护结构均采用地下连续墙,复合衬砌结构。地下六层内衬厚度为 800 mm,地下五至四层内衬厚度为 600 mm,地下三至一层内衬厚度为 400 mm(图 A-2)。

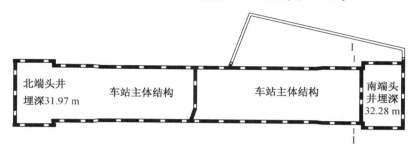

图 A-2 淮海路地铁站主体结构平面图

A.1.1 水文地质条件

本场区浅部土层中的地下水类型为潜水。其水位变化受大气降水及地表径流和蒸发的影响,并随季节而变化,水位埋深一般为 0.3~1.5 m。根据上海市工程建设规范《地基基础设计规范》(DGJ 08-11—1999)有关条款,上海地区潜水位年平均埋深一般为 0.5~0.7 m,建议设计时按不利条件考虑,高水位埋深 0.5 m,低水位埋深 1.5 m。

经勘查,拟建场地淮海中路车站上部均为饱和黏性土,可视为不透水层;基坑影响深度范围内揭露的第⑦$_1$层砂质粉土层属第一承压含水层,⑨$_1$层属第二承压含水层根据现场承压水观测成果,本标段沿线场地第⑦$_1$层承压水水头埋深为 7.2~11.3 m,根据上海地区已有工程的长期观测资料,深度承压水层成年周期性变化,水位变化幅度一般为 3.0~11.0 m。

本工程分析依托上海轨道交通 13 号线淮海中路站车站基坑南端头地下连续墙施工作业,除去常规施工监测外,另外对其中的三幅地下连续墙埋设土压力计和测斜管,对该基坑的开挖全过程进行实时监测,以便了解在上海地层中 32 m 深的基坑周围土体受力与变形、围护结构受力与变形的实际情况。本工程土层特性分布如表 A-1 所示。I—I 南端头井地质剖面图如图 A-3 所示。

表 A-1　　　　上海地铁 13 号线淮海路站土层特性

代号	成因类型	层号	土层名称	特　性
Q_43		①_1	人工填土	土质不均、结构松散、强度不均。上部以杂填土为主,下部局部为素填土
	滨海—河口	②	褐黄～灰黄色粉质黏土	可塑～软塑,土性从上至下逐渐变软,中～高压缩性。可作为浅基础持力层
Q_42	滨海—浅海	③	灰色淤泥质粉质黏土	流塑,欠均匀,夹薄层状粉土,强度低,有时层顶为灰黄色,高压缩性
		④	灰色淤泥质黏土	流塑,高压缩性。强度低,具有触变特性
Q_41	滨海—沼泽	⑤_{1-1}	灰色黏土	流～软塑,夹少量粉土,有时为淤泥质,局部为粉质黏土,中～高压缩性
		⑤_{1-2}	灰色粉质黏土	软塑状,夹薄粉层土,高～中压缩性
		⑤_2	灰色粉质黏土与粉土互层	软塑,欠均匀,夹较多层状粉土,呈互层状,局部夹粉砂,中压缩性
	溺谷	⑤_3	灰色粉质黏土	软塑状,中偏高压缩性
		⑤_4	灰绿色粉质黏土	硬塑状,尚均匀,强度较高,中压缩性
Q_32	河口—湖泽	⑥	暗绿～草黄色黏土	由于古河道局部缺失,可塑～硬塑,中压缩性
	河口—滨海	⑦_1	草黄～青灰色砂质粉土	饱和,中密～密实,尚均匀,中偏低压缩性
		⑦_2	草黄～灰色粉砂	密实状,强度高,中偏低压缩性
	滨海—浅海	⑧_2	灰色粉质黏土	软～可塑,局部流塑,欠均匀,中压缩性
Q31	滨海—河口	⑨_1	灰色粉细砂	呈密实状,强度高,中～低压缩性
		⑨_2	灰色细砾细砂	含砾石,呈密实状,强度高,低压缩性

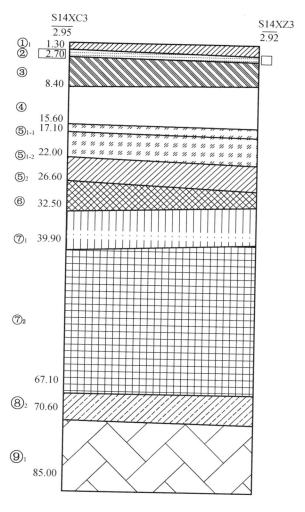

图 A-3　南端头井地质剖面图

A.1.2　基坑设计变形控制标准

准海中路站地处闹市区，且开挖深度超深，周边有敏感建、构筑物需要重点保护。基坑周边建筑关系图如图 A-4 所示。

其中南端头井距离地铁 1 号线区间隧道(隧道中心埋深约 17.3 m)水平距离最近约 30mm,为确保周边环境的安全,淮海中路车站的基坑保护等级确定为一级(按《城市轨道交通设计规范》),坑外地表最大沉降应控制在 $1‰H$(H 为基坑开挖深度)以内。

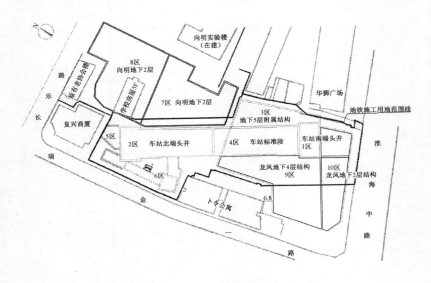

图 A-4 周边建筑关系图

为确保周边环境的安全,淮海中路车站的基坑保护等级确定为一级(按《城市轨道交通设计规范》)。围护结构墙体最大水平位移及坑外地表最大沉降分别控制在 $1.4‰H$ 和 $1‰H$(H 为基坑开挖深度)以内。

由此可见,南端头井距离地铁一号线区间隧道水平距离最近约 30 m,应考虑到施工过程中,地面最大沉降量及围护墙水平位移对于轨道交通 1 号线区间隧道的影响,其设计变形控制标准见表 A-2。

表 A-2 基坑变形控制保护等级标准

保护等级	地面最大沉降量及围护墙 水平位移控制要求	环境保护要求
一级	1. 地面最大沉降量≤0.1%H 2. 围护墙最大水平位移≤0.14%H 3. $K_s^* \geqslant 1.8$	离基坑周边 H 范围内有地铁、共同沟、煤气管、大型压力总水管及重要建筑或设施等

注:H 为基坑开挖深度;K_s^* 为抗隆起安全系数,按圆弧滑动公式算出。

A.1.3 基坑施工顺序

由于本车站开挖深度比较深,周边环境比较复杂,并且个别节点有较严格的时间限制,故本基坑分为若干小坑分先后顺序进行施工,先施工南端头井,再施工北端头井及北标准段,同时可以施工地下五层附属结构,然后施工标准段,最后依次施工北端头井外小基坑、地下三层附属结构及 3 号出入口(即图 A-5 中 1~6 的顺序),施工顺序如图 A-5 所示。

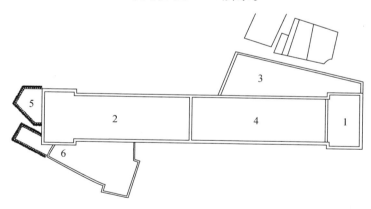

图 A-5 施工顺序图

由于南端头井最先开始施工,不必考虑到其他基坑开挖对于南端头井基坑开挖的影响,因此只需对南端头井各个施工工序过程中,地下连续墙施工全过程进行模拟,分析基坑周边地面沉降及围护结构变形,并依据其计算结果,验算基坑变形是否满足一级保护等级标准,以此为南端头井基坑设计及施工提供依据。

A.1.4 基坑设计

在基坑施工时,为了最大限度地减少对周边环境的影响,根据以往地铁设计的经验,经综合考虑安全、工期、造价、施工质量与工序安排及结构耐久性等因素,通过诸多方案比选,决定车站采用框架逆筑法施工。主体结构采用 1.2 m 厚地下墙作为车站标准段的围护结构,同时兼作使用阶段的外墙。由于地下墙深度较深,下部为较硬土层,故地下墙成槽施工采用回转式成槽工法(铣槽机成槽),接头为柔性接头。附属结构地下墙较浅,采用抓斗式成槽工法,采用锁口管柔性接头。

地下车站的设计及施工方法充分考虑车站周围环境、埋深、造价、工期等因素,为确保车站施工和周边环境的安全,拟定淮海中路车站的基坑保护等级为一级(按《城市轨道交通设计规范》)。围护结构墙体最大水平位移及坑外地表最大沉降分别控制在 1.4‰H 和 1‰H(H 为基坑开挖深度)以内。

其中南端头井基坑埋深为 32.28 m,共设 10 道支撑,框架逆筑法施工。第 1 道为混凝土支撑,第 4 道、第 6 道、第 8 道为下三、下四、下五层板框架逆作,其他为钢支撑,其中第 5 道钢支撑需移位,除第 9 道、第 10 道钢支撑为 $\phi 800(t=20)$ 钢支撑外,其他均为 $\phi 609(t=16)$ 钢支撑。

A.1.5 基坑地基加固

车站南北两端的区间隧道(中心埋深约 28 m)上部,为了减少上部附属结构开挖时坑底隆起对区间隧道的不利影响,在基坑底部均采用搅拌桩桩满堂加固,加固深度为坑底以下 5 m。加固后土体 28 天无侧限抗压土体强度 $q_u \geqslant 1.0$ MPa。为了确保基坑和周边建(构)筑物的安全,加固土体设备采用全自动搅拌系统,确保加固土体的质量。

基坑开挖在降水、土体加固和地下连续墙(包括墙顶圈梁)达到设计要求后进行。

基坑开挖应严格按照"时空效应"理论,采用分层、分段、对称、平衡、限时等施工参数挖土。土方开挖的顺序、方法必须与设计工况相一致,并遵循"开槽支撑、随撑随挖、分层开挖、严禁超挖"的原则。在长条形基坑的开挖中,应该分层后再分段开挖,开挖第一层土时,每一段开挖长度一般不超过 12 m;其他各道支撑开挖时,每小段长度一般不超过 6 m,开挖时间和钢支撑的安装时间 16 h 和 8 h。

基坑开挖时,其纵横向边坡放坡应根据地质、环境条件选取开挖安全坡度。必须分段、分区、分层、对称进行开挖,不得超挖。每层开挖深度不大于 3 m,严禁在一个工况条件下,一次开挖到底。严格控制基坑分段开挖时两边的纵向土坡坡度,确保土坡稳定。

基坑开挖后,应及时设置坑内排水沟和集水井,防止坑底集水。纵向放坡开挖时,应在坡顶外设置截水沟或挡水土堤,防止地表水冲刷坡面和基坑外排水再回流渗入坑内。

A. 1. 6 基坑降水

本工程基坑开挖较深,深度达 32.3 m,根据勘察报告,工程范围内分布有⑤$_1$c 层微承压水、⑦层及⑨层承压含水层,对基坑开挖产生影响,土体开挖前,施工单位必须进行降水、降压设计,减少坑底隆起和围护结构的变形量,防止基坑底部发生管涌。承压水的水头按施工期间现场测试数据考虑。基坑开挖前 20 d 须进行坑内疏干降水,以提高土体的抗剪强度。待主体结构完成并达到设计强度以及覆土后方可拆除降水设施。为保护周边环境,承压水须按需降压。

抽取承压水应按以下原则进行:

(1) 按土体压重反算抽水水位,留有适当的安全度,并按需抽取承压水。

(2) 当回筑的内部结构足以压重时,可停止抽水。

(3) 必要时采取回灌措施,以减小抽取承压水对周边环境的影响。

A.2 模型建立

为了对地下连续墙施工过程中的地层变形规律、结构-土体相互作用有一个全面深入的了解,基于前述工程背景,进行了地下连续墙施工三维有限元数值模拟研究。数值模拟基于三维计算模型,模型包括基坑结构和周边地层,其相互作用采用界面单元来模拟。基于实际施工工况,模拟过程将分成若干个施工步,在每个施工步激活或"杀死"相关单元来模拟结构的生成及土体的开挖。

为简化分析,模型中土体开挖区域水位与基坑坑底保持一致,相当于基坑的排水开挖施工,这样更贴近地下连续墙基坑开挖的实际施工状况。另外,本数值模拟中未考虑基坑周围水位变化,即忽略基坑周围水位线由于施工造成的下降。

根据实例中沉箱的实际尺寸和场地条件,数值模拟确定分析域为平面尺寸 200 m×200 m,深 120 m 的三维区域,其中基坑平面尺寸 26.0 m×14.6 m,基坑开挖深度为 32.3 m。

基于基坑施工计划,经过适当简化,将基坑开挖施工分成 7 个模拟工况阶段进行计算分析,与常规基坑开挖有限元模拟类似,本数值模拟分成七个施工步,在各施工步被开挖的土体单元被"杀死",即给其单元刚度指定一个接近零的值,并激活相关的结构单元。每个施工步又包含两个子施工步,包括基坑围护结构的激活、土体的开挖。

南端头井基坑埋深为 32.28 m,共设十道支撑,框架逆筑法施工。第 1 道为混凝土支撑,第 4 道、第 6 道、第 8 道为下三、下四、下五层板框架逆做,其他为钢支撑,其中第 5 道钢支撑需移位,除第 9 道、10 道钢支撑为 ϕ 800($t=20$)钢支撑外,其他均为 ϕ 609($t=16$)钢支撑。本章对模型进行适当简化,第 5 道支撑未考虑移位的影响,其标高以移位后的标高确定。

基坑开挖施工工况如表 A-3 所示。

表 A-3   计算工况

工况	开挖深度/m	支撑布置
第 1 次开挖	开挖至 -6.4 m	第 1 道支撑
第 2 次开挖	开挖至 -12.6 m	第 2 道支撑+第 3 道支撑+第 4 道支撑(板)
第 3 次开挖	开挖至 -17.6 m	第 5 道支撑+第 6 道支撑(板)
第 4 次开挖	开挖至 -22.7 m	第 7 道支撑+第 8 道支撑(板)
第 5 次开挖	开挖至 -26.4 m	无
第 6 次开挖	开挖至 -29.4 m	第 9 道支撑
第 7 次开挖	开挖至 -32.3 m	第 10 道支撑+底板

网格由程序自动生成,为提高计算的精度以及效率,考虑在地下连续墙结构与土体接触面附近划分较密集的网格。基坑结构、界面模型及整个计算模型网格如图 A-6—图 A-8 所示。为便于与现场实测数据比较,在监测点位置处布置了节点。

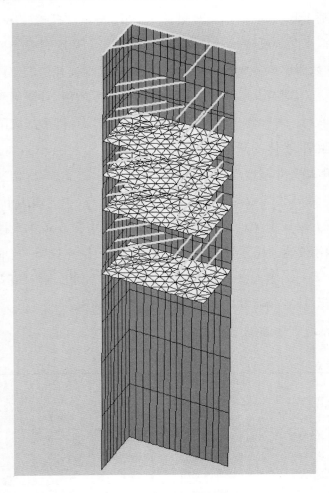

图 A-6　围护结构 1/4 模型

图 A-7　围护结构整体模型

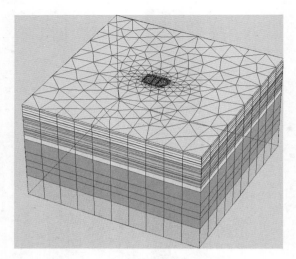

（a）计算模型网格

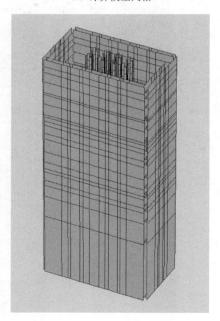

（b）界面单元

图 A-8　计算模型网格及界面单元

实验模拟土层性质直接取自上海世博园区即上海轨道交通13号线工程淮海中路站的实际土层。经勘察,沿线场地100.65 m深度范围内土层由第四系全新统至上更新统沉积地层组成。根据野外钻探及室内土工试验成果,结合静力触探及标贯试验成果,场地内地层按其成因类型、土层结构及性状特征可划分为9个工程地质层、15个层位。受古河道切割影响,场区部分区域⑥层缺失,并沉积溺谷相的⑤₃层灰色粉质黏土和⑤₄层灰绿色粉质黏土。其余地区基本为上海市正常沉积土层,各土层分布较稳定,层面起伏较小表 A-4。

表 A-4   土 体 参 数

土层	累积深度标高	直剪固快试验强度		含水量 ω	重度 γ /(kN·m^{-3})	压缩模量 E_S /MPa	渗透系数	
		黏聚力 c/kPa	摩擦角 φ/(°)				K_V /(m·d^{-1})	K_H /(m·d^{-1})
①层人工填土	-2.05	1	30		16		1.00	1.00E+00
②层粉质黏土	-3.75	21	14.5	32.4%	18.4	4.67	1.43×10^{-4}	1.91×10^{-4}
③层淤泥质粉质黏土	-9.45	14	12.5	41.2%	17.5	3.23	1.87×10^{-4}	3.08×10^{-4}
④层淤泥质黏土	-15.75	14	9.5	48.3%	16.9	2.25	1.53×10^{-4}	2.32×10^{-4}
⑤₁₋₁层黏土	-18.90	15	13.5	38.6%	17.7	3.71	1.13×10^{-2}	1.56×10^{-2}
⑤₁₋₂层粉质黏土	-26.40	17	16.5	34%	18	4.32	3.14×10^{-3}	5.84×10^{-4}
⑤₂层粉质黏土与粉土互层	-31.30	16	18	33.4%	18	5.77	9.94×10^{-3}	4.64×10^{-2}

土层	累积深度标高	直剪固快试验强度		含水量 ω	重度 γ /(kN·m⁻³)	压缩模量 E_S /MPa	渗透系数	
		黏聚力 c/kPa	摩擦角 φ/(°)				K_V /(m·d⁻¹)	K_H /(m·d⁻¹)
⑥层黏土	−34.55	50	16.5	23.5%	19.6	7.78	$3.42×10^{-4}$	$5.34×10^{-4}$
⑦₁ 层砂质粉土	−40.55	5	29	27.9%	18.7	10.99	$1.60×10^{-1}$	$2.39×10^{-1}$
⑦₂ 层粉砂	−67.80	3	31.5	26%	18.9	14.38	$6.85×10^{-1}$	$1.18×10^{0}$
⑧₂ 层粉质黏土	−76.10	26	14.5	31.8%	18.3	5.55	$3.87×10^{-3}$	$9.94×10^{-3}$
⑨₁ 层粉细砂	−89.00	0	34.5	26.3%	18.9	14.87	$1.29×10^{-1}$	$1.16×10^{-1}$
⑨₂ 层含砾细砂	/	2	34		19.7		$4.63×10^{-1}$	$2.96×10^{-1}$

地下连续墙结构为钢筋混凝土结构,采用板单元模拟,其材料参数如表 A-5 所示。

表 A-5　　　　　墙体及工作室顶板参数

参数	力学性态	厚度 d /m	重度 γ /(kN·m⁻³)	杨氏弹性模量 E/(kN·m⁻²)	剪切模量 G /(kN·m⁻²)	泊松比 υ
地下连续墙	线弹性	1.2	24	$3.000×10^{-7}$	$1.250×10^{-7}$	0.15
第四道支撑	线弹性	0.4	24	$3.000×10^{-7}$	$1.250×10^{-7}$	0.15
第六道支撑	线弹性	0.4	24	$3.000×10^{-7}$	$1.250×10^{-7}$	0.15
第八道支撑	线弹性	0.5	24	$3.000×10^{-7}$	$1.250×10^{-7}$	0.15
底板	线弹性	1.6	24	$3.000×10^{-7}$	$1.250×10^{-7}$	0.15

A.3 模型结果分析

A.3.1 各施工步应力、位移云图

图 A-9 为1/4计算模型水平方向和竖向初始有效应力分布云图,初始位移为零。模型底部边界处竖向有效应力 σ'_y 为-1 100 kPa,水平方向有效应力 σ'_x 和 σ'_z 均为-486 kPa。

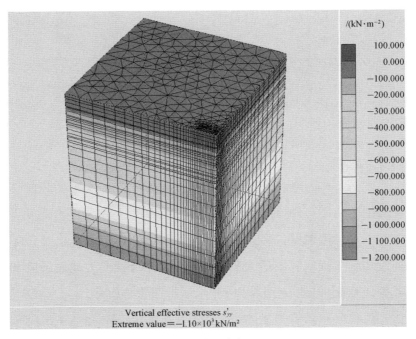

Vertical effective stresses s'_{yy}
Extreme value=-1.10×10³ kN/m²

（a）竖向地应力

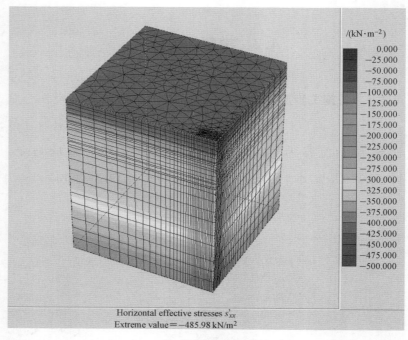

Horizontal effective stresses s'_{xx}
Extreme value $=-485.98\,kN/m^2$

（b）水平方向地应力

图 A-9　计算模型初始地应力

图 A-10 为地下连续墙周边土体在各模拟工况下的竖向位移云图。由图可知，地下连续墙施工过程中，土体位移主要发生在地下连续墙侧壁（靠近地表）及底部开挖面附近，这也是地下连续墙施工扰动效应最大的两个区域，分别表现为地表沉降和开挖面隆起，但地表沉降相较于坑底隆起要小得多。

位移分布具有明显的空间效应，基坑角点附近土体沉降较小，基坑侧壁中间位置土体沉降较大，且短边跨中与长边跨中位置处差异明显，基坑底部开挖面中央隆起最大。

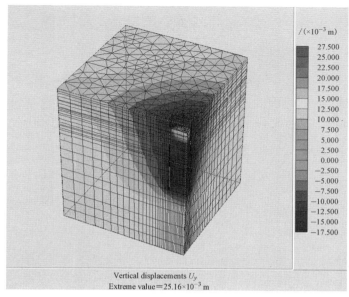

（a）基坑开挖 6.4 m

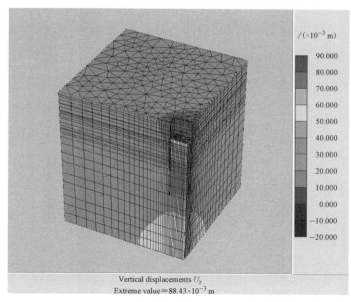

（b）基坑开挖 12.6 m

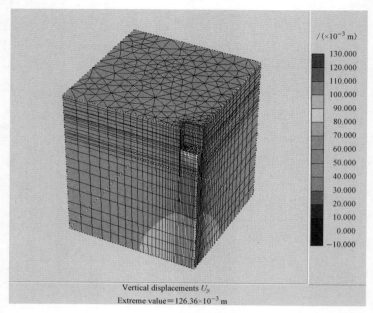

Vertical displacements U_y

Extreme value = 126.36×10^{-3} m

（c）基坑开挖 17.6 m

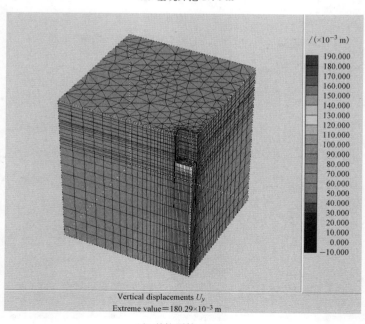

Vertical displacements U_y

Extreme value = 180.29×10^{-3} m

（d）基坑开挖 22.7 m

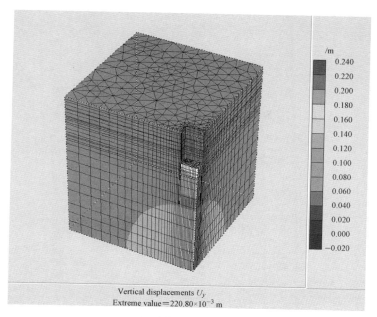

Vertical displacements U_y
Extreme value=$220.80×10^{-3}$ m

（e）基坑开挖 26.4 m

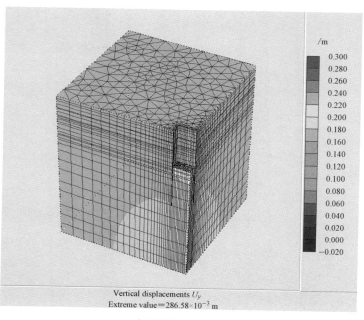

Vertical displacements U_y
Extreme value=$286.58×10^{-3}$ m

（f）基坑开挖 29.4 m

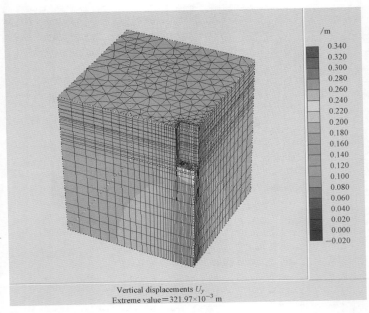

Vertical displacements U_y
Extreme value $= 321.97 \times 10^{-3}$ m

(g) 基坑开挖 32.3 m

图 A-10 周边土体在各工况下的总位移云图

由于开挖卸荷,地下连续墙底部土体竖向有效应力不断减小,因此开挖面附近土体隆起是不可避免的,随着基坑开挖,坑底分别隆起 2.6 cm,8.8 cm,12.6 cm,18.0 cm,22.1 cm,28.7 cm,32.2 cm。

根据云图可以看出,地下连续墙施工长边最终扰动地表主要影响范围约为 2.0 倍的开挖深度,短边最终扰动地表主要影响范围约为 1.5 倍的开挖深度,坑底隆起影响范围约为开挖面以下 1.0 倍的开挖深度。

A.3.2 周边土体位移

基于三维有限元模拟结果,本节从地表沉降、深层水平位移、开挖面隆起对地下连续墙基坑施工周边土体位移规律进行了分析,探讨地下连续墙施工的三维效应。

A.3.2.1　地表沉降

图 A-11(a)为基坑周边土体最终地表沉降分布云图,图 A-11(b)为基坑短边中垂线方向在各工况下的地表沉降三维计算值,基坑边缘处地表沉降最大,各施工步最大地表沉降值分别为 0.5 mm、0.7 mm、1.0 mm、1.2 mm、1.9 mm、2.1 mm、2.5 mm。图 A-11(c)为地下连续墙长边中垂线方向在各工况下的地表沉降三维计算值,各施工步最大地表沉降值分别为1.0 mm、1.9 mm、4.1 mm、5.7 mm、7.5 mm、8.1 mm、8.6 mm。

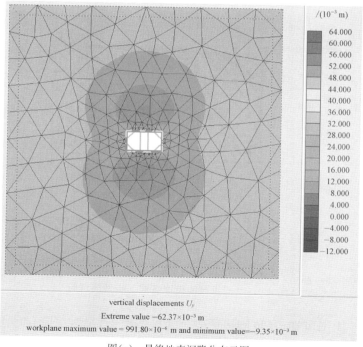

图(a)　最终地表沉降分布云图

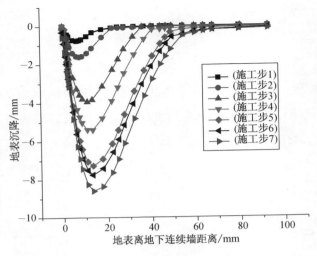

(b) 地下连续墙长边中垂线方向

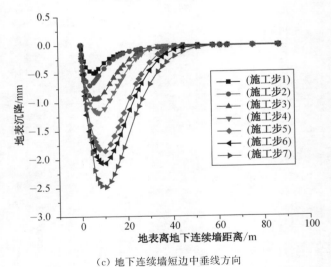

(c) 地下连续墙短边中垂线方向

图 A-11 三维数值模拟各施工步地表沉降

　　由图可知,基坑周边地表沉降呈凹槽形,最大沉降位于基坑长边垂直方向处,距离地下连续墙约 1.0 倍基坑开挖深度处,其范围约 0.5 倍基坑开挖深度。

同时,对于地下连续墙施工,基坑角点附近地表沉降明显小于侧壁跨中处,且短边中垂线方向与长边中垂线方向的地表沉降值相差较大,主要是因为基坑长边平面尺寸较短边来得大,地下连续墙变形以长边变形为主,因此地下连续墙长边中垂线方向的变形更大,随之引起连续墙长边垂直方向地表沉降比短边垂直方向地表沉降来得大。以施工步 7 为例,短边中垂线方向的变形(2.5 mm)仅为长边中垂线方向的变形(8.6 mm)的 29.0%。

虽然地下连续墙具有较大的结构刚度,但土体位移主要为墙体侧向变形引起的水平位移,竖向位移极小,这表明地下连续墙长度对其影响较大,而在地下连续墙角点处,由于存在土拱效应及其他空间效应,土体位移较小。

由周边建筑关系可知,轨道交通 1 号线区间隧道距离南端头井最近约 30 m,位于基坑长边中线垂直处,此时地表沉降最大,其值为 8.6 mm,满足淮海中路车站的基坑一级保护等级(按《城市轨道交通设计规范》)的要求,且坑外地表最大沉降在 1‰H(H 为基坑开挖深度)的范围以内。

综上所述,轨道交通 1 号线区间隧道位于地表沉降最大处,基坑外地表沉降满足设计要求。由于模拟分析过程中,未考虑到由于坑内降水导致的坑外降水,因此应严格按照施工要求。特别是基坑降水,必要时采取回灌措施,以减小抽取承压水对周边环境造成沉降的影响。

A.3.2.2 地下连续墙变形

图 A-12 为基坑长边、短边方向周边土体最终水平位移云图,地表及基坑地下连续墙边缘处土体由于土体开挖偏向基坑中心移动,基坑底部位置处较为显著,说明在竖向也存在一定程度的土拱效应,拱内土体出现明显侧向卸载,产生偏向基坑的水平位移。

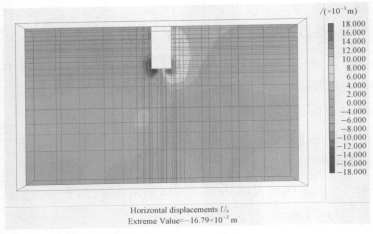

（a）基坑长边中线垂直方向周边土体水平位移云图

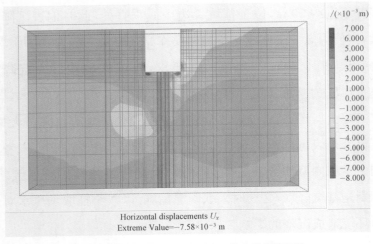

（b）基坑短边中线垂直方向周边土体水平位移云图

图 A-12　基坑周边土体最终水平位移云图

图 A-13为基坑长、短边中线地下连续墙变形图。其中,长边中线地下连续墙最大位移为 16.1 mm,短边中线地下连续墙最大位移为 6.5 mm。由此可见,短边地下连续墙水平位移较

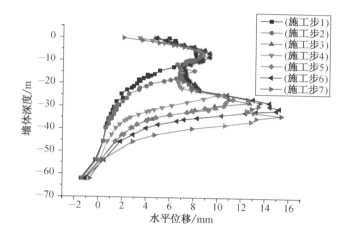

（a）基坑长边中线地下连续墙变形

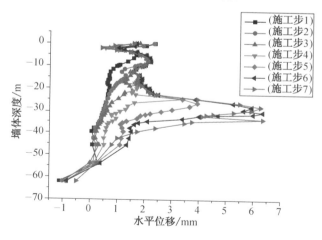

（b）基坑短边地下连续墙变形

图 A-13　地下连续墙墙体变形

小,这说明基坑四周地下连续墙以长边地下连续墙变形为主,而短边地下连续墙刚度较大、变形较小。满足淮海中路车站的基坑一级保护等级(按《城市轨道交通设计规范》)的要求,其围护结构墙体最大水平位移在 $1.4‰H$(H 为基坑开挖深度)的范围以内。

可以发现,地下连续墙的挠度曲线较为平滑,随着土体的开挖,地下连续墙挠度逐渐增加,且在各个支撑位置发生突变。第 4、第 5、第 6、第 7 施工步墙体挠度增加不明显,说明各板支撑和第 9、第 10 钢支撑刚度较大,墙体变形增加不明显。

土体的最大位移以及最大垂直位移发生在基坑底部位置,很明显为基坑隆起造成的。土体的最大水平位移位置为基坑底部的土体界面附近并沿支护结构竖向分布。

就 32.3 m 基坑整体网格变形趋势,垂直位移分布情况以及水平位移分布情况而言,地下连续墙结构其最大垂直位移都发生在基坑内底部,最大水平位移都发生在支护结构底部与土体界面附近并沿支护结构竖向分布。地下连续墙因为降水、排水导致两侧坑内外水压力不同,使两侧的土压力发生了变化从而加大了位移尤其是水平位移。

综上所述,南端头井围护结构地下连续墙刚度较大,墙体变形较小,满足淮海中路车站的基坑一级保护等级(按《城市轨道交通设计规范》)的要求,其围护结构墙体最大水平位移在 $1.4‰H$(H 为基坑开挖深度)的范围以内。基坑开挖应在降水、土体加固和地下连续墙(包括墙顶圈梁)达到设计要求后进行。开挖施工应严格按照"时空效应"理论,采用分层、分段、对称、平衡、限时等施工参数挖土。

A. 3. 3　地下连续墙结构分析

图 A-14 为地下连续墙结构在竖向和水平面内的弯矩分布云图,地下连续墙竖向弯矩在四个角点最大,其次是在基坑坑底标高处长边侧墙跨中正弯矩,而基坑坑底标高处短边侧墙跨中正弯矩也较大;水平面内弯矩在基坑坑底标高处长边侧墙跨中正弯矩最大,其次是基坑坑底标高处短边侧墙跨中正弯矩,这些计算结果可为地下连续墙围护结构设计提供依据。

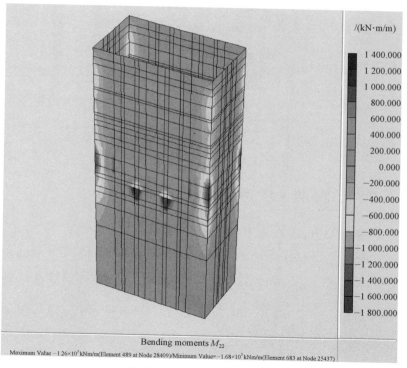

（a）地下连续墙结构水平弯矩分布云图

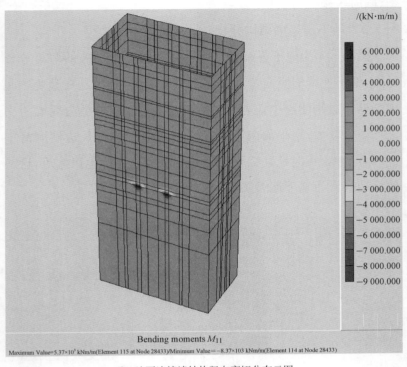

/(kN·m/m)

6 000.000
5 000.000
4 000.000
3 000.000
2 000.000
1 000.000
0.000
−1 000.000
−2 000.000
−3 000.000
−4 000.000
−5 000.000
−6 000.000
−7 000.000
−8 000.000
−9 000.000

Bending moments M_{11}

Maximum Value=5.37×10³ kNm/m(Element 115 at Node 28433)/Minimum Value=−8.37×103 kNm/m(Element 114 at Node 28433)

（b）地下连续墙结构竖向弯矩分布云图

图 A-14   地下连续墙结构弯矩分布云图

基坑长边、短边地下连续墙中线处弯矩如图 A-15 所示。地下连续墙墙体中线处最大弯矩位于基坑坑底处,各支撑处弯矩突变。第 7 施工步墙体弯矩最大,长边地下连续墙墙体中线最大弯矩为 502.9 kN·m,位于标高−29.433 m 处;短边地下连续墙墙体中线最大弯矩为 582.8 kN·m,位于标高−33.0 m 处。由此可见,短边处地下连续墙墙体中线最大弯矩比长边处的大。

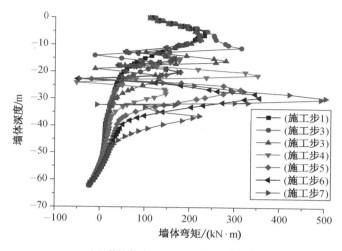

（a）基坑长边地下连续墙中线处弯矩

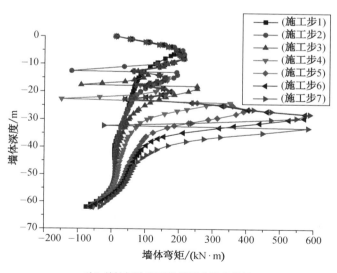

（b）基坑短边地下连续墙中线处弯矩

图 A-15 地下连续墙墙体弯矩

A.3.4 地下连续墙结构分析

A.3.4.1 基坑外侧土压力

如图 A-16、图 A-17 所示为开挖 32.3 m 的基坑长、短边中线外的界面单元上的垂直方向压力,因为界面是竖直的,可以认为此为基坑支护结构上的侧向压力。为了更好地对比数值模拟结果和经典理论,现将 plaxis 模拟分析结果、静止土压力理论结果以及朗肯理论的主动土压力结果进行对比。

在基坑外侧 0～32.3 m 范围内,侧向压力介于静止土压力和主动土压力之间,可见,总体呈现波浪线分布,这主要是由于在各个支撑标高处的墙体位移变形突变,墙体变形急剧变小,因此侧向压力更接近于静止土压力。长边中线垂直处最大压力为 173.26 kPa,短边中线垂直处最大压力为 229.55 kPa,二者皆位于界面底部附近约 32.3 m 深度处。基坑短边侧向土压力较长边侧向土压力大 32.5%,由前文分析可知,在 32.3 m 标高处,长

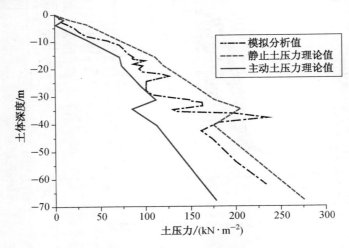

图 A-16 基坑长边中线垂直处坑外土压力

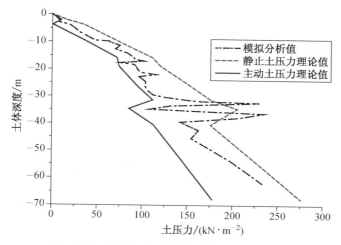

图 A-17 基坑短边边中线垂直处坑外土压力

边中线墙体变形为 13.1 mm(0.000 04H，H 为基坑开挖深度)，短边中线墙体变形仅为 4.1 mm(0.000 01H，H 为基坑开挖深度)，因此基坑短边侧向土压力较长边侧向土压力大 32.5%，更接近于静止土压力。

在基坑外侧 32.3～62 m 范围内，近似 R 字形分布，波峰位于标高 37 m 处，此时长边中线垂直处侧向土压力为235.45 kPa，短边中线垂直处侧向土压力为234.82 kPa，二者相差不大，此时侧向土压力大于静止土压力理论值，此时位于⑦₂ 粉砂层(内摩擦角为29°)，土层侧向土压力系数较⑦₁ 砂质粉土夹粉砂(内摩擦角为16.5°)大为减少，因此此时侧向土压力急剧变小。最大土压力位于 62 m 深度处，此时长边中线垂直处侧向土压力为 232.97 kPa，短边中线垂直处侧向土压力为 234.82 kPa。

结合来看，可见在基坑外侧 0～32.3 m 范围内，侧向土压力介于静止土压力和主动土压力之间，而在基坑外侧 32.3～62 m

范围内,侧向土压力波动较大:在32.3～37 m深度侧向土压力大于静止土压力;在37～62 m深度,侧向土压力介于朗肯主动土压力和静止土压力之间。如果仍然采用经典的主动土压力理论,显然低估了基坑外侧土压力,会造成偏不安全的情况。

造成基坑坑外侧向土压力较大的原因在于,考虑到基坑周边建筑对沉降较为敏感,基坑变形控制保护等级标准为1级,基坑围护结构刚度较大,共设置10道支撑,地下连续墙厚度为1.2 m,基坑整体刚度较大,地下连续墙变形较小,变形未达到经典主动土压力变形限值,墙体侧向土压力大于主动土压力的理论,且局部侧向土压力大于静止土压力。

综上所述,在进行此类基坑围护设计时,应考虑适当加大侧向土压力。

A.3.4.2　基坑内侧土压力

如图 A-18、图 A-19 所示为开挖 32.3 m 的基坑内的

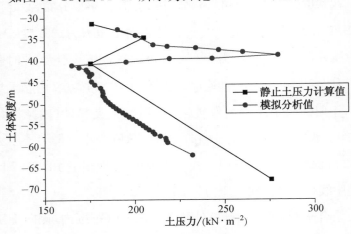

图 A-18　基坑长边中线垂直处坑内土压力

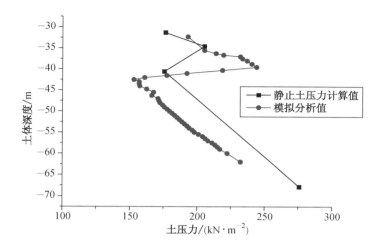

图 A-19　基坑短边中线垂直处坑内土压力

界面单元上的垂直方向压力,因为界面是竖直的,可以认为此为基坑支护结构上的侧向压力。为了更好地对比数值模拟结果和经典理论,现将 plaxis 模拟分析结果和静止土压力理论结果以及朗肯理论的主动土压力结果进行对比。

在基坑内侧 32.3～62 m 范围内,可见总体呈 R 字形分布。最大土压力位于深度约 39 m 深度处,其中基坑长边中线垂直处最大侧向压力为 279.96 kPa,基坑短边中线垂直处最大侧向压力为 244.02 kPa,此时侧向土压力大于静止土压力。随后坑内侧向土压力急剧减小,此时侧向土压力小于静止土压力。

可见在 32.3～42 m 区域,数值结果大于被动土压力。在42～62 m 区域,数值模拟结果迅速减小,在 62 m 深度已经很接近静止土压力了。这是因为地下连续墙的位移在这一区域迅速减小，所以土体无法达到被动土压力需要达到的极限状态。

另外，支护结构外侧侧向土压力也在 40 m 深度附近迅速增大，这与基坑内侧侧向土压力的变化相契合。

附录 B 不同工法的比较分析

采用有限元软件 Plaxis 2D 对深层竖井结构建设的气压沉箱工法施工过程及地下连续墙工法施工过程进行二维非线性有限元分析,得出两种工法条件下竖井结构的力学响应、周边土体的扰动情况等特性,从而为深层竖井(基坑)的建设提供一定的参考。

B.1 水文地质条件

实验模拟土层性质取自上海浦东新区陆家嘴中心区实际土层,即"上海中心"施工场地。详勘期间场地内以绿地草坪为主,地势较为平坦,场地地貌属滨海平原地貌类型。

勘察表明,拟建场地属于正常地层分布区,浅层土层分布较稳定,中下部土层除局部有夹层或透镜体分布外,一般分布较稳定。某勘察孔在 289.57 m 深度范围内揭示,本场地第四纪覆盖层厚度为 274.80 m,属第四纪下更新世 Q_1 至全新世 Q_4 沉积物,主要由黏性土、粉性土、砂土组成,一般具有成层分布特点;274.8 m 以下为花岗岩层。根据土的成因、结构及物理力学性

质差异,第四纪土层可划分为 14 个主要层次(上海市统编地层第⑧层土层缺失)。场地土层自上而下分布情况为:

①层杂填土:层厚约 2.15 m,很湿,松散,含碎石、砖块等杂物,局部区域为混凝土地坪;下部多以黏性土为主,夹植物根茎、石子等。

②层粉质黏土:层厚约 1.61 m,很湿,可塑～软塑,中压缩性,含氧化铁条纹、铁锰质结核,局部区域以黏土为主,土质由上而下逐渐变软。摇震反应无,土面光滑无光泽,干强度中等,韧性中等。

③层淤泥质粉质黏土夹砂质粉土:层厚约 5.21 m,饱和,流塑,含云母,5.0～7.0 m 深度范围夹较多层状粉性土,土质不均匀。摇震反应无,土面稍粗糙,干强度中等～低等,韧性中等～低等。

④层淤泥质黏土:层厚约 7.89 m,饱和,流塑,高压缩性,含有机质、云母,夹极薄层粉砂,土质较均匀。摇震反应无,土面光滑有光泽,干强度高等,韧性高等。

⑤$_{1a}$层黏土:层厚约 3.74 m,饱和～很湿,软塑,高压缩性,含泥钙质结核及半腐植物根茎。摇震反应无,土面光滑有光泽,干强度高等,韧性高等。

⑤$_{1b}$层粉质黏土:层厚约 4.22 m,很湿,软塑～可塑,中压缩性,含云母、少量有机质条纹及泥钙质结核,场地东北角该层底部夹多量粉性土。摇震反应无,土面光滑无光泽,干强度中等,韧性中等。

⑥层粉质黏土:层厚约 4.16 m,湿,硬塑,中压缩性,含氧化

铁斑点和铁锰质结核,底部夹薄层粉性土。摇震反应无,土面光滑无光泽,干强度中等,韧性中等。

⑦$_1$层砂质粉土夹粉砂:层厚约 7.96 m,饱和,中密～密实,中压缩性,含云母,顶部夹黏质粉土及薄层黏性土,下部以粉砂为主,局部夹细砂。摇震反应快,土面粗糙,干强度无,韧性无。

⑦$_2$层粉砂:层厚约 27.44 m,饱和,密实,中～低等压缩性,含云母,颗粒成分以石英、长石为主,局部夹薄层黏性土,夹多量细砂,土质致密。

⑦$_3$层粉砂:层厚约 4.72 m,饱和,密实,中等压缩性,含云母,颗粒成分以石英、长石为主,夹砂质粉土及薄层黏性土。

⑨$_1$层砂质粉土:层厚约 8.92 m,饱和,密实,中等压缩性,含云母,夹粉砂及层状黏性土,土质不均匀。摇震反应快,土面粗糙,干强度无,韧性无。

⑨$_{2\text{-}1}$层粉砂:层厚约 11.21 m,饱和,密实,中～低等压缩性,含云母,中上部夹多量中粗砂及砾砂,砾石粒径 0.5～1.5 cm,下部 84.0～89.0 m 深度段局部夹黏性土较多,土质不均匀。

⑨$_{2\text{-}2}$层粉砂:层厚约 9.59 m,饱和,密实,中～低等压缩性,含云母,夹细砂、砂质粉土及少量薄层黏性土。

⑨$_{2t}$层粉质黏土夹黏质粉土:层厚约 4.85 m,湿～很湿,可塑～硬塑,中等压缩性,含云母,夹粉砂团块,土质不均匀,仅在场地局部区域呈透镜体分布。摇震反应无,土面稍粗糙,干强度中等～低等,韧性中等～低等。

⑨$_3$层细砂:层厚约 23.63 m,饱和,密实,中～低等压缩性,含云母,颗粒成分以石英、长石为主,夹粉砂、中砂及薄层黏

性土。

⑨₃ₜ层粉质黏土：层厚约 4.20 m，湿，可塑～硬塑，中等压缩性，含云母，夹粉细砂团块。无摇震反应，土面光滑无光泽，干强度中等，韧性中等。

各土层的物理力学参数如表 B-1 所示。

表 B-1　　　　地基土层主要物理力学性质指标

层序	土层名称	直剪固快试验强度		γ' /(kN·m^{-3})	E_s /MPa
		c/kPa	φ/(°)		
②	粉质黏土	20	18.0	18.4	3.97
③	淤泥质粉质黏土夹砂质粉土	10	22.5	7.7	3.84
④	淤泥质黏土	14	11.5	6.7	2.27
⑤₁ₐ	黏土	16	14.0	7.6	3.56
⑤₁ᵦ	粉质黏土	15	22.0	8.4	5.29
⑥	粉质黏土	45	17.0	9.8	6.96
⑦₁	砂质粉土夹粉砂	3	32.5	8.7	11.45
⑦₂	粉砂	0	33.5	9.2	14.85
⑦₃	粉砂	2	34.0	9.1	13.17
⑨₁	砂质粉土	5	32.0	9.1	11.13
⑨₂₋₁	粉砂	2	34.0	10.2	12.55
⑨₂₋₂	粉砂	2	34.0	9.3	12.89
⑨₂ₜ	粉质黏土夹黏质粉土	35	23.5	9.6	8.59
⑨₃	细砂	2	34.0	9.7	13.70
⑨₃ₜ	粉质黏土	18	27.5	9.1	9.42

浅层地下水为潜水类型，受降水及地表径流补给。勘察期间所测得的地下水静止水位埋深 1.0～1.5 m，主要可按 1.0 m 取值；根据类似工程经验及场地环境，拟建场地地下水基本处于静止状态。

B.2 模型建立过程

为了研究深层气压沉箱工法及地下连续墙工法对竖井/基坑侧壁结构的力学作用、对周边土体的扰动情况等特性以及深层地下结构受力特征与中浅层结构的差别,选取了几种典型的工况进行二维模拟分析,包括下沉深度 20 m,50 m,70 m 的气压沉箱施工过程及 50 m 的地下连续墙施工过程(图 B-1)。

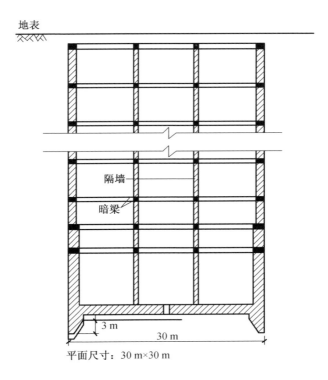

平面尺寸:30 m×30 m

图 B-1 气压沉箱剖面图

沉箱结构剖面如图 B.0.2 所示,其平面外包尺寸为 30 m×30 m,工作室净高 3.0 m,底板厚度为 2 m,侧壁厚度为 2 000 mm;设置两道隔墙,厚度为 400 mm;沉箱工作室顶板厚 1.60 m,刃脚底踏面宽 600 mm,高 2 600 mm。沿沉箱井壁在每 5 m 处共计布置水平框架(暗梁形式)以增加结构横向刚度。随着气压沉箱的不断下沉,重复施工栈台上箱体分段浇筑、工作室内挖土的过程,直到下沉到指定深度处,进行持力层荷载试验,在沉箱结构底部工作室填筑混凝土构成底板,整个施工过程完成。

为了保证深层地下连续墙的数值模拟结果能与气压沉箱的数值模拟结果形成参照,深层地下连续墙模型参数的选取过程与深层气压沉箱的选取基本保持一致,即:墙体厚度取为 2 000 mm;支撑为混凝土支撑,采用顺作法施工。

地下连续墙在结构上需要插入土层中一定深度以保持整体稳定,即存在一定的插入比,这是与气压沉箱结构的一大不同。在本次模拟中,地下连续墙的插入比选择为 1。气压沉箱与地下连续墙结构施工过程中的另一大不同点是由于在沉箱底部工作室内存在可自动调节的工作气压以抵抗外部水压,因此在一般条件下,气压沉箱的施工过程并不需要降水。

B.2.1 模型建立

建立几何模型的过程中,需要参考实际工程的情况,同时尽量减小边界条件的影响。根据 Desai 的相关建议以及已有的基坑开挖对周边环境的影响情况研究,在水平方向,基坑开挖影响范围为基坑开挖地面与水平向夹角成 $45°+\varphi/2$ 的范围内,在模拟过程中,水平方向计算区域可以选择 2~3 倍的开挖深度,竖直计算区域可以选择 2 倍的开挖深度。当开挖深度超过一定的深度时,可以适当减少相应的计算区域。在本次模拟中,综合考虑场地条件及各工况开挖/下沉的不同深度,计算区域选取宽200 m、深 130 m 的区域。

由于气压沉箱及地下连续墙的结构及支护形式、荷载条件、施工条件等均对称,为了提高计算效率,本次模拟均取研究对象的一半建立计算模型。

在已有的气压沉箱及地下连续墙数值模拟的基础上,并考虑本次模拟各工况的情况,对位移边界条件作如下假定:边界条件为标准固定边界条件,左右两个边界限定水平位移;土体下部边界限制水平及竖直两个方向上的位移;土体上部边界条件为自由边界。

为了更加方便对比气压沉箱及地下连续墙结构受力的异同点,尽量减少施工过程中二者的差异化特征,经过合理简化,将施工过程中沉箱每次下沉的高度及地下连续墙每步开挖的深度全都确定为 10 m。

B. 2. 2 网格划分

完成了各工况几何模型的建立,就需要选取适当的单元类型对计算区域进行网格划分。Plaxis 2D 程序具有根据计算区域自动划分有限元网格的功能。网格划分过程中,应注意控制单元的大小及疏密程度,避免不规则单元出现从而影响计算的顺利进行。对于可能出现应力集中的部位以及需要重点分析的对象,网格划分时可以进行适当的加密处理(图 B-2)。

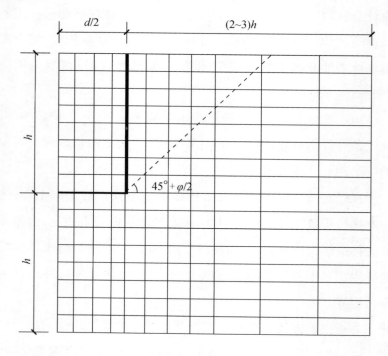

图 B-2　基坑开挖有限元分析区域图

在本次各工况的模拟过程中,土体采用 15 节点三角形单元模拟,气压沉箱侧壁及地下连续墙结构采用板单元模拟,气压沉箱的隔断结构及地下连续墙的支护结构采用锚杆单元模拟,土体与沉箱侧壁及地下连续墙结构的接触面采用界面单元模拟。

各工况的最终网格划分如图 B-3—B-6 所示。

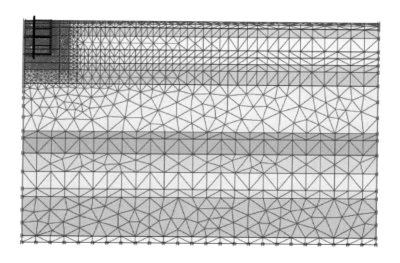

图 B-3　20 m 气压沉箱模型网格

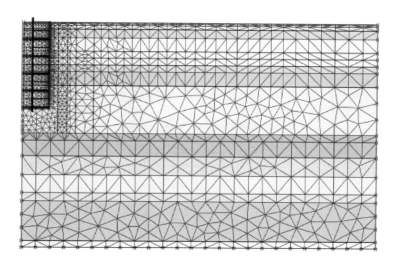

图 B-4　50 m 气压沉箱模型网格

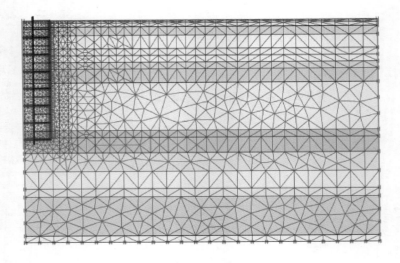

图 B-5　70 m 气压沉箱模型网格

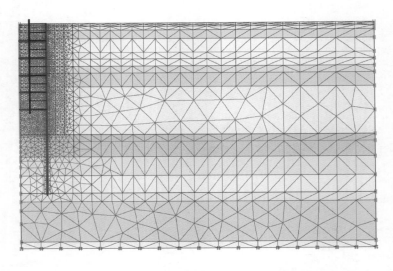

图 B-6　50 m 地下连续墙模型网格

B.2.3 模型参数

本次模拟中各工况土体本构模型均采用 Hardening-Soil 弹塑性模型，需要的参数包含强度参数 c，φ 和 ψ，刚度参数 E_{50}^{ref}，E_{50}^{ref}，E_{oed}^{ref}，ν，m 等。根据工程地质勘察提供的土体物理力学性质参数，并参考王卫东等关于基坑开挖中土体硬化模型参数的试验研究结果，具体的模型参数取值方法如表 B-2 所示。

表 B-2 各土层模型参数取值

模型参数	黏土	砂土、粉土
m	0.8	0.5
E_{50}^{ref}	$2E_s$	E_s
E_{oed}^{ref}	$0.5E_{50}^{ref}$	E_{50}^{ref}
E_{ur}^{ref}	$5E_{50}^{ref}$	$5E_{50}^{ref}$
ψ	$0°$	$\varphi'-30°$

B.3 模拟结果分析

B.3.1 位移分析

如图 B-7 所示为各计算工况下的变形网格图，图 B-8—B-11 为各计算工况位移云图，包括总位移云图、水平位移云图及垂直位移云图。

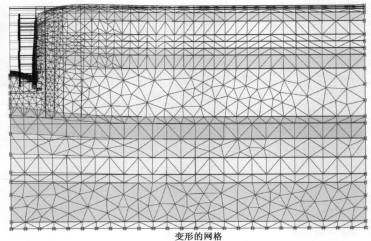

变形的网格
最大总位移95.06×10⁻³m
(位移缩,放100.00倍)

(a) 50 m气压沉箱变形网格(放大 100 倍)

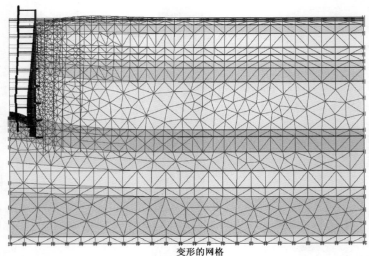

变形的网格
最大总位移118.06×10⁻³m
(位移缩,放100.00倍)

(b) 70 m气压沉箱变形网格(放大 100 倍)

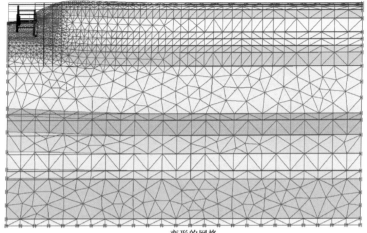

变形的网格
最大总位移47.71×10⁻³m
(位移缩，放200.00倍)

（c）20 m 气压沉箱变形网格（放大 200 倍）

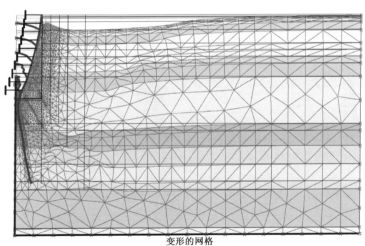

变形的网格
最大总位移144.77×10⁻³m
(位移缩，放100.00倍)

（d）50 m 地下连续墙变形网格（放大 100 倍）

图 B-7　各工况变形网格图

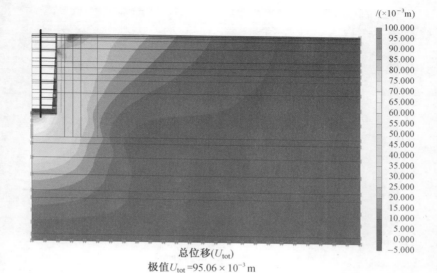

$I/(\times 10^{-3}\,\mathrm{m})$

100.000
95.000
90.000
85.000
80.000
75.000
70.000
65.000
60.000
55.000
50.000
45.000
40.000
35.000
30.000
25.000
20.000
15.000
10.000
5.000
0.000
-5.000

总位移(U_{tot})
极值$U_{\mathrm{tot}} = 95.06 \times 10^{-3}\,\mathrm{m}$

（a）50 m 气压沉箱总位移云图

$I/(\times 10^{-3}\,\mathrm{m})$

30.000
27.500
25.000
22.500
20.000
17.500
15.000
12.500
10.000
7.500
5.000
2.500
0.000
-2.500
-5.000
-7.500
-10.000
-12.500
-15.000
-17.500
-20.000
-22.500

水平位移(U_x)
极值$U_x = 25.39 \times 10^{-3}\,\mathrm{m}$

（b）50 m 气压沉箱水平位移云图

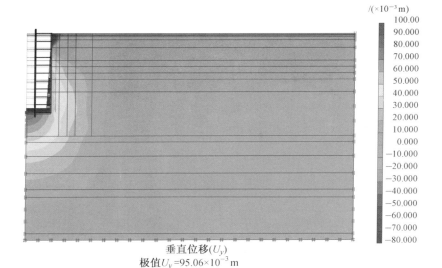

$/(\times 10^{-3}\,\mathrm{m})$

垂直位移(U_y)

极值$U_y = 95.06 \times 10^{-3}\,\mathrm{m}$

（c）50 m 气压沉箱垂直位移云图

图 B-8　50 m 气压沉箱位移云图

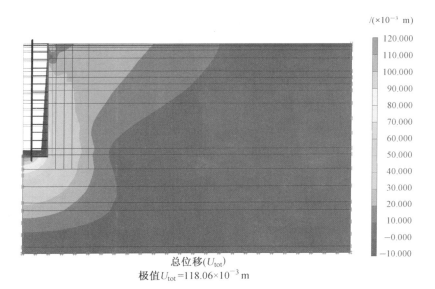

$/(\times 10^{-3}\,\mathrm{m})$

总位移(U_{tot})

极值$U_{\mathrm{tot}} = 118.06 \times 10^{-3}\,\mathrm{m}$

（a）70 m 气压沉箱总位移云图

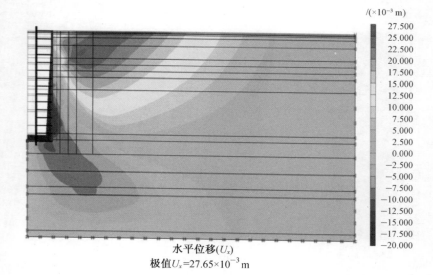

$/(\times 10^{-3} \text{ m})$

水平位移(U_x)
极值$U_x=27.65\times10^{-3}$ m

(b) 70 m气压沉箱水平位移云图

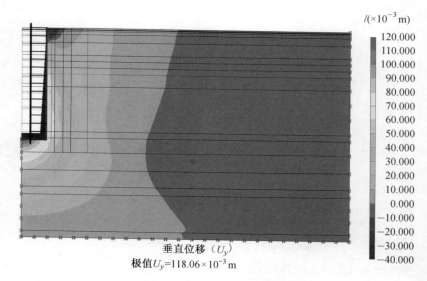

$/(\times 10^{-3} \text{ m})$

垂直位移（U_y）
极值$U_y=118.06\times10^{-3}$ m

(c) 70 m气压沉箱垂直位移云图

图 B-9　70 m 气压沉箱位移云图

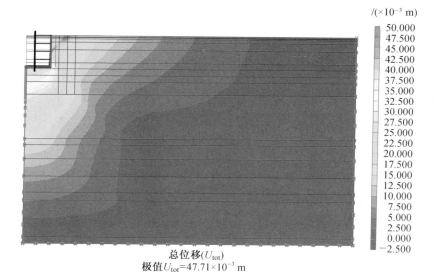

$/(\times 10^{-3}\ \text{m})$

总位移(U_{tot})
极值$U_{\text{tot}}=47.71\times 10^{-3}\ \text{m}$

（a）20 m气压沉箱总位移云图

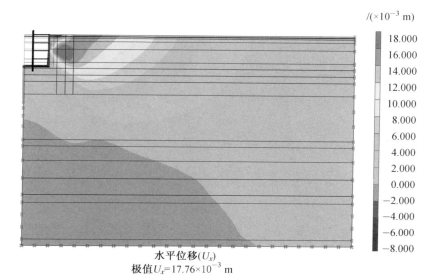

$/(\times 10^{-3}\ \text{m})$

水平位移(U_x)
极值$U_x=17.76\times 10^{-3}\ \text{m}$

（b）20 m气压沉箱水平位移云图

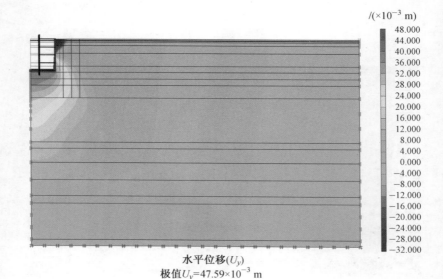

水平位移(U_y)
极值U_y=47.59×10^{-3} m

（c）20 m气压沉箱垂直位移云图

图 B-10　20 m气压沉箱位移云图

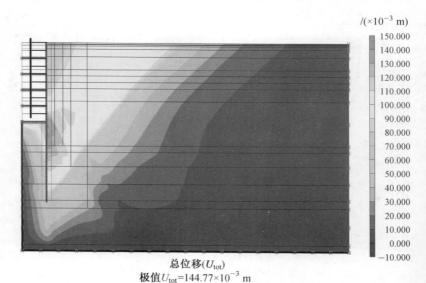

总位移(U_{tot})
极值U_{tot}=144.77×10^{-3} m

（a）50 m地下连续墙总位移云图

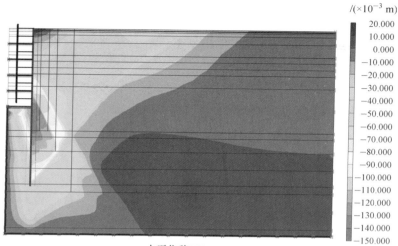

$/(\times 10^{-3}\ \text{m})$

水平位移(U_x)
极值$U_x = -144.77 \times 10^{-3}$ m

（b）50 m 地下连续墙水平位移云图

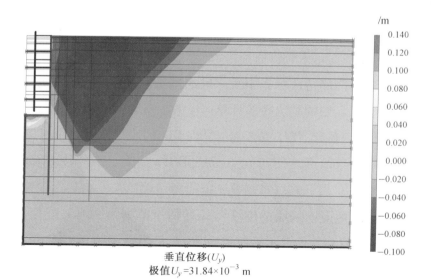

/m

垂直位移(U_y)
极值$U_y = 31.84 \times 10^{-3}$ m

（c）50 m 地下连续墙垂直位移云图

图 B-11　50 m 地下连续墙位移云图

从各工况位移云图可以看出,50 m 气压沉箱最大位移及最大垂直位移均为 9.506 cm,发生在基坑底部位置,为基坑隆起造成的。最大水平位移为 2.539 cm,大概在地表以下 15 m 处。

70 m 气压沉箱最大位移及最大垂直位移均为 11.806 cm,发生在基坑底部位移,为基坑隆起造成的,最大水平位移为 2.765 cm,大概在地表下 15 cm 处,相比 50 m 沉箱最大水平位置更加远离沉箱侧壁。

20 m 气压沉箱最大位移为 4.771 cm,最大垂直位移为 4.759 cm,均发生在基坑底部位置,为基坑隆起造成的,相比于深层气压沉箱,20 m 气压沉箱底部隆起的范围大但分布均匀、隆起值小。最大水平位移为 1.776 cm,大概在地表下 10 cm 处。

对比不同深度气压沉箱施工过程的位移云图,不难看出,随着开挖深度的增大,气压沉箱施工引起的最大位移值、最大垂直位移值及最大水平位移值都在增大。最大位移都发生在基坑底部,为基坑隆起造成的。中浅深度的基坑底部隆起分布的范围大且均匀,深层的基坑底部隆起则集中在基坑中部一定范围内。相对于垂直位移,气压沉箱施工过程引起的水平位移要小很多,开挖深度从 50 m 增加到 70 m 的过程中,最大水平位移值增加很小,位置稍微远离沉箱侧壁一定距离。

50 m 地下连续墙的挠度曲线近似于抛物线。施工过程引起的最大位移及最大水平位移均为 14.477 cm,发生在墙体底部一定范围内的土体界面附近,最大垂直为 13.184 cm,发生在基坑底部,为基坑隆起造成。

相比于 50 m 气压沉箱引起的土体位移,地下连续墙结构引起的最大水平位移和最大垂直位移都明显更大,影响范围更广。最大水平位移值大于最大垂直位移值,这是因为在地下连续墙施工过程中需要降水,降水引起的渗流使土压力发生变化,从而引起水平位移的增大。从位移云图的分析可以得知,同样深度的竖井/基坑开挖过程,地下连续墙工法对周边土体的扰动情况要大于气压沉箱工法。

B.3.1.1　沉箱侧壁/连续墙位移

图 B-12 为 20 m、50 m、70 m 气压沉箱侧壁及 50 m 地下连续墙墙体位移图。

从图中可以看出,20 m 气压沉箱侧壁的最大位移为1.9 mm,在沉箱底部,侧壁位移随着下沉深度的增加而增加。50 m 气压沉箱侧壁最大位移为 7 mm,70 m 气压沉箱侧壁最大位移为 18 mm,

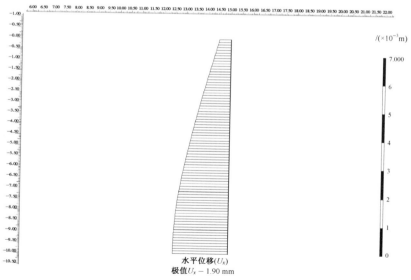

(a) 20 m 气压沉箱侧壁位移图(最大位移 1.9 mm)

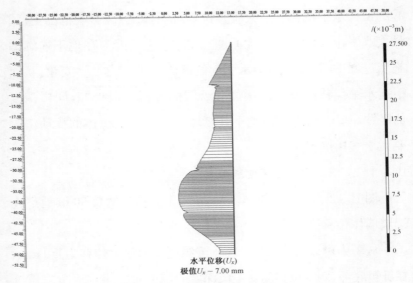

水平位移(U_x)

极值$U_x - 7.00$ mm

(b) 50 m 气压沉箱侧壁位移图(最大位移 7 mm)

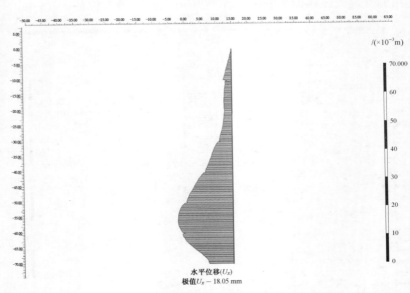

水平位移(U_x)

极值$U_x - 18.05$ mm

(c) 70 m 气压沉箱侧壁位移图(最大位移 18 mm)

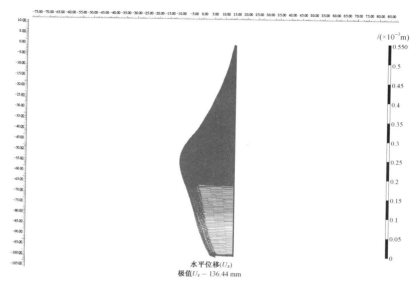

（d）50 m 地下连续墙位移图（最大位移 136 mm）

图 B-12　不同工况沉箱侧壁/墙体位移图

大约均位于沉箱下沉深度的 3/4 处。50 m 地下连续墙的侧向位移曲线类似于抛物线，最大位移为 136 mm，约位于基坑底部以下 5 m 处。

气压沉箱由于布置水平框架、隔墙等结构，同时采用特有的竖向施工方式，因此相对刚度极大，侧壁的位移很小，几乎不发生变形。相对来说，地下连续墙结构的刚度没有气压沉箱那么大，结构挠曲变形明显大于气压沉箱，从这个角度讲，气压沉箱工法在控制结构变形和土体位移方面有着明显优势。

B.3.1.2　周边地表沉降

由于计算模型选择为对称的平面应变模型，因此本次研究的对象为沉箱侧壁及地下连续墙中垂线方向上的地表沉降特性。

如图 B-13 所示为不同下沉深度情况下的气压沉箱施工引起的地表沉降计算结果。

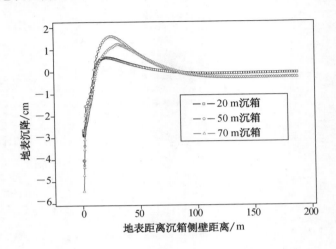

图 B-13　不同工况气压沉箱引起的地表沉降

从图中可以看出,气压沉箱施工引起的地表沉降基本呈抛物线形分布。随着距离沉箱侧壁距离的增大,地表沉降不断变小。在不同工况中,地表沉降的最大值都发生在沉箱侧壁的边缘处:20 m 气压沉箱的地表沉降最大值为 2.7 cm,50 m 气压沉箱的地表沉降最大值为 4.1 cm,70 m 气压沉箱的地表沉降最大值为 5.6 cm。随着下沉深度的增加,地表沉降的最大值随之增大,同时沉降影响范围也随之扩大。20 m 气压沉箱引起的地表沉降值在距离沉箱侧壁 50 m 处已经接近为零,50 m 气压沉箱与 70 m 气压沉箱引起的地表沉降值在距离侧壁 100 m 处接近为零,这一规律符合已有的基坑开挖对周边环境影响情况研究结果,对于大量建设的中浅深度基坑工程,施工对周边环境的影响范围大概在开挖深度的2～3倍范围内。对于深层气压沉箱施工过程,随着深度的增大,施工过程影响的地表沉降区域集中在一定范围内,为1.5～2倍的开挖深度。当沉箱下沉到一定的深度时,施工引起的地表沉降范围并不会随之急剧增大。

根据有限元分析的结果,在不同深度的气压沉箱施工过程中,周边土体均出现了一定范围内的隆起现象。分析认为,部分原因可能为二维平面应变模型忽略了三维空间效应的存在,部分原因为沉箱侧壁侧摩擦力的剪切作用,从而引起了沉箱周边一定范围内的土体隆起。

如图 B-14 所示为下沉/开挖深度为 50 m 的气压沉箱工法与地下连续墙工法引起的地表沉降对比图。

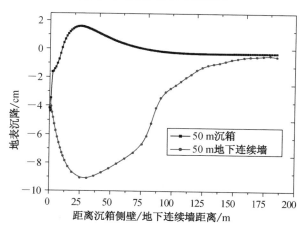

图 B-14　50 m 气压沉箱与地下连续墙引起的地表沉降

从对比结果可以看出，不同于气压沉箱工法引起的抛物线形地表沉降模式，地下连续墙引起的地表沉降基本成凹槽形分布。最大地表沉降值达到了 9.1 cm，发生在距离地下连续墙 30 m 处，几乎为 50 m 气压沉箱施工过程引起的最大地表沉降值的 2.2 倍。不同于气压沉箱工法，地下连续墙工法引起的最大地表沉降并非发生在靠近墙体的边缘处，而发生在远离墙体的一定距离处。

同时，50 m 地下连续墙施工过程引起的地表沉降值一直到距离墙体 150 m 处才衰减为零，影响范围达到了开挖深度的 3 倍左右，大大超出了同样深度的气压沉箱工法引起的地表沉降范围。

不难看出，从施工过程引起的周边地表沉降的情况分析，在深层竖井/基坑建设的施工过程中，气压沉箱工法引起的地表沉降值、沉降影响范围均要优于地下连续墙工法。

B.3.1.3 周边土体水平位移

如图 B-15 所示为距离沉箱侧壁/地下连续墙 5 m 处，不同工况(20 m、50 m、70 m 气压沉箱工法及 50 m 地下连续墙工法)引起的土体水平位移对比图。气压沉箱工法引起的土体水平位移很小，且沿深度不均匀分布。对于中浅深度的情况(20 m)，在上部约 3 m 深度范围内土体偏向沉箱移动，并且在地表处偏移达到最大值。在 3 m 以下的范围内，土体偏离沉箱移动，并在约 10 m 深度处达到最大值，随后逐渐减小到零。而对于深层的情况(50 m 和 100 m)，在 35 m 以浅的深度范围内，土体偏离沉箱移动，并在约 10 m 深度处达到最大值，随后开始减小，35 m 以下深度范围内的土体开始偏向沉箱侧壁移动,在 70 m 左右的深度处达到最大值,并逐渐减小到零。70 m 气压沉箱引起的土体偏向沉箱侧壁位移值略大于 50 m 沉箱,达到 1.5 cm。同时可以看出,土体的水平位移曲线在土层的分界面处都有比较明显的拐点。

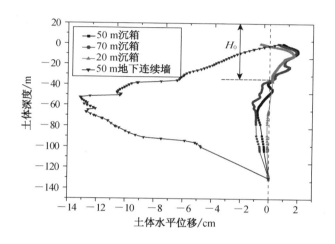

图 B-15　不同工况引起的土体水平位移

由此可见,气压沉箱工法引起的土体水平位移分布形式与沉箱的下沉深度与土层性质具有较密切的关系。中浅深度情况下,总的来说,地表以下一定范围内土体偏向沉箱方向移动,最大偏向位移值出现在地表处,随着深度的继续加深土体则偏离沉箱移动,达到最大值后再逐渐减小为零。在深层情况下,存在着一个临界深度 H_0,在 H_0 以上的土体偏离沉箱方向移动,随深度的增加达到最大值随之减小,临界深度 H_0 处为一拐点,在 H_0 以下的土体偏向沉箱移动,先增大后逐渐减小,并在某一深度减小为零。

地下连续墙施工引起的土体水平位移模式不同于气压沉箱

工法,50 m 地下连续墙施工引起的土体水平位移在地表以下2 m范围内稍微偏离地下连续墙运动,地表处为最大值 0.7 cm,随深度减小到零,随后土体偏向地下连续墙运动并随着深度的增加而增加,在某一深度处达到最大值然后逐渐减小到零。相比于相同开挖深度的气压沉箱工法,地下连续墙施工在相同深度处引起的土体水平位移要大得多,50 m 开挖深度引起的土体最大水平位移达到 13 cm,大约为 50 m 气压沉箱施工引起最大值的 6.5 倍。

从施工过程引起的周边土体水平位移的情况分析,在大深度竖井/基坑建设的施工过程中,气压沉箱工法对周边土体的扰动程度要小于地下连续墙工法。

B.3.2 土压力分析

如图 B-16 所示为 50 m 气压沉箱工法引起界面单元上的垂直方向应力,即作用在沉箱侧壁结构上的侧向土压力。

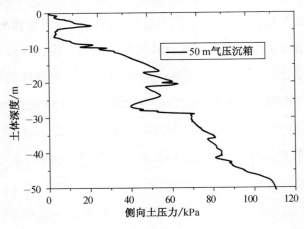

图 B-16 50 m 气压沉箱侧向土压力分布图

从图中可以看出,50 m气压沉箱侧壁土压力在每两层土体的分界面处都有比较明显的拐点,在距离地表29 m深度处,侧向土压力曲线出现了突变最大的拐点,这是因为此处为⑥层粉质黏土与⑦₁层砂质粉土夹粉砂的交界处,且在此处以上的土体基本为软黏土,在此处以下的土体均为砂性土。侧向土压力在每一层土体内大体呈现三角形分布,随深度的增大而增大,侧向最大土压力为110.51 kPa,作用在沉箱侧壁的最底部。

如图B-17所示为50 m地下连续墙工法引起界面单元上的垂直方向应力,即作用在地下连续墙侧壁结构上的侧向土压力。

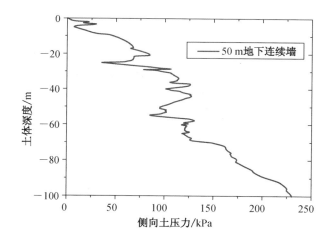

图 B-17   50 m 地下连续墙侧向土压力分布图

从图中可以看出,在全深度范围内,侧土压力最大值为230 kPa,发生在地下连续墙的最底端。在开挖面以上的50 m范围内,不同于地压沉箱引起的侧向土压力,最大值发生在37 m深度处,达到126 kPa,随之侧压力曲线有个明显的减小趋势,在

50 m 处达到最小值 94 kPa，在开挖面以下的土体范围内，侧土压力的总体趋势是呈三角形的增大。

为了更深一步理解深层气压沉箱与地下连续墙工法引起的侧壁土压力分布规律，现将两种工况的数值模拟结果与经典土压力理论结果进行对比。图 B-18 为 50 m 气压沉箱、50 m 地下连续墙工法侧壁土压力模拟结果与静止土压力及朗肯主动土压力理论值的对比图，在 50 m 范围内，地下连续墙外侧受力更加接近于主动土压力模式，在全深度范围内有一定偏离但保持在很小的范围；而气压沉箱结构外侧受力更加接近于静止土压力模式。

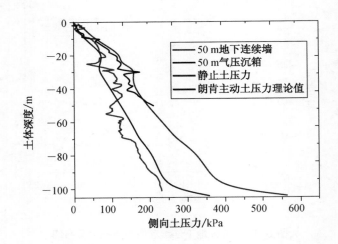

图 B-18　不同施工方法结构受力对比图

附录 C 深层隧道上覆土压力分析

在深层隧道的施工及使用过程中,衬砌结构受到上覆水土压力、地层抗力、施工荷载、地震等不同荷载的影响,不同于中浅埋深的隧道结构,由于土拱效应的存在,深层地层具有较好的自承能力,隧道结构承受的上覆土压力值并非等于完全的上覆土自重,因此考虑大埋深条件下的土压力拱效应,得到深层盾构隧道上覆土压力的分布特征及其计算方法,对于深层隧道结构的安全施工及使用是很有意义的。

C.1 隧道土压力的拱效应

拱效应在岩土工程中的研究,集中在挡土墙结构土压力分析及地下工程中的隧道开挖工程。几十年来,诸多学者做了大量的研究来探究隧道工程中拱效应产生的机理,提出各种基于拱效应的模型,从而探寻拱效应对于隧道上覆土压力的影响。

细观上分析岩土工程中土拱效应产生的本质,是因为土体本身作为颗粒物,在力的作用下产生不均匀的位移,充分利用自身抗剪强度来抵抗外力的影响,因此应力发生转移或集中,此即土压力的拱效应。目前并无可靠的科学手段观测到土拱的客观存在,也没有办法得到形成土拱区域的土体颗粒在力的作用下是如何运动,怎样进行应力的传递,但是众多的学者通过理论分析、试验监测等方法证实了土压力拱效应的确实存在性,并用得到的理论指导实践中的工程计算及设计,取得了很好的效果。

不同于拱桥等生活中常见的拱形结构物,土拱并非先有拱的存在,再承受力,而是在力的作用下,土体通过应力转移形成土拱。学者对于土拱效应的研究集中在土拱的形成机理及存在条件、拱形、拱体的几何参数诸方面。

太沙基(1943)采用活动门试验验证了岩土力学领域"土拱效应"现象的存在,并提出了土拱效应存在的条件:①土体之间产生不均匀的相对位移;②形成作为支撑的拱脚(图 C-1)。

综合已有的对土拱效应的研究,土拱效应存在基本上要满

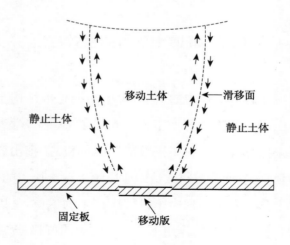

图 C-1　活动门试验示意图

足以下几个条件：①土体之间产生不均匀的相对位移；②要能够形成稳定的拱脚；③土体具有足够的抗剪强度，使土体能够调动自身的抗剪强度来进行应力转移。

在盾构隧道工程中，产生土拱效应需要几方面的共同作用。隧道的尺寸、埋深、土体的性质、土层的分布都有比较重要的影响。首先相对隧道尺寸而言，需要有足够的埋深以形成土拱效应中稳定的拱脚，以便承受转移的应力，目前普遍采用隧道的 H（埋深）/D（隧道直径）的比值来考虑此方面的影响；其次是土体性质的影响，形成稳定的土拱需要土体之间能产生不均匀的相对位移并且土体本身要有足够的抗剪强度以进行应力转移，当土体的容重、密实度较低或者抗剪强度较低时，即使有足够的 H/D 比值，也很难形成稳定的土拱。

因此，当 H/D 比足够大时，在砂性土地层中盾构隧道的上覆土压力具有比较明显的土拱效应，如果此时采用全土柱理论计算盾构隧道的上覆土压力，无疑是偏保守的，会造成巨大的浪费。而在淤泥质黏土等软黏土地层中的盾构隧道上覆土压力土拱效应并不显著。

上海地区 $50\sim100$ m 深层地层根基本为粉砂层或砂层，在此深度范围内进行隧道施工，其 H/D 比值满足土拱效应产生的条件，土体也具有足够的抗剪强度，因此上覆土压力存在比较显著的拱效应。孙钧等（1984）通过对上海地区圆形隧道的上覆土压力值进行监测发现对于饱和淤泥质软土层，随着时间的增长，上覆垂直土压力值接近于土柱理论的结果；而对于较好土质的情况，上覆垂直土压力远小于土柱理论计算值，有较明显的土拱效应,需要考虑其他计算方法。

C.2 日本经验

根据日本的盾构隧道设计规范,隧道结构的上覆土压力计算既要考虑到不同土质的影响,也要考虑到 H/D 比值的影响:

(1) 隧道上覆土小于一定值(1～2 倍的隧道直径)时,无论是砂质土还是黏性土,都采用全土柱理论,取全覆土土压力作为垂直土压力;

(2) 在松散砂质土以及软弱～中等程度的黏性土中,无论覆土厚度有多大,隧道上覆土压力值都采用全土柱理论,取全覆土土压力;

(3) 对于固结砂质土及硬质黏土,当隧道上覆土大于一定值(1～2 倍的隧道直径)时,取太沙基松弛土压力与垂直土压力下限值中较大者作为隧道的上覆土压力值。

对于垂直土压力下限值,在日本已有的各种隧道相关基准及指南中规定,当隧道直径较小且埋深较小时,取相当于 2 倍隧道直径的土压力;当隧道直径较大并且设置在深层地下空间时,取相当于 1 倍隧道直径的土压力(图 C-2)。

在深层地下空间技术指南中,参考现有的盾构隧道设计理论,同时充分考虑深层地下空间与中浅层地下空间的不同,垂直土压力下限值在原则上取相当于 1D(隧道直径)的土压力

值,即:

$$P_{\min} = \gamma D$$

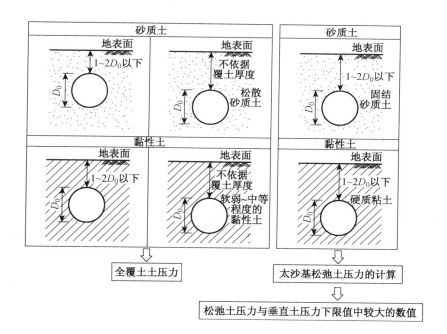

图 C-2　日本确定隧道上覆土压力示意图

C.3　隧道上覆土压力数值模拟

根据已有的研究,土拱效应在隧道开挖工程中较为常见,不同的地质条件、不同的隧道埋深都会对隧道上覆土压力分布情况产生较大的影响,如果任意埋深任意土层条件下全部采用全土柱理论计算盾构隧道的上覆土压力,偏于保守且会造成很大浪费。

为了研究隧道上覆土压力拱效应产生的具体条件以及土拱效应对上覆土压力产生的具体影响,现取上海地区典型土层④层及⑦₂层进行隧道施工数值模拟,探寻上海地区隧道开挖及运营中上覆土压力的变化情况以及对周边土体位移的影响,得到普遍适应于上海地区土层的隧道上覆土压力计算方法。

C. 3. 1　模拟工况

上海地区④层处于中浅层,为淤泥质黏土,属于典型的软黏土;⑦₂层处于深层地层,为灰黄～灰色粉砂。④层及⑦₂层土体的物理力学参数见表 C-1。

表 C-1　　　　　　模拟土层主要物理力学参数

土层编号	土层名称	直剪固快试验强度		$\gamma'/(\mathrm{kN} \cdot \mathrm{m}^{-3})$	$E_\mathrm{s}/\mathrm{MPa}$
		c/kPa	$\varphi/(°)$		
④	淤泥质黏土	14	11.5	6.7	2.27
⑦₂	灰黄～灰色粉砂	0	33.5	9.2	14.85

为了研究在④层及⑦₂层两层土体中,不同 H/D 比值对于隧道上覆土压力的影响,现取不同上覆土层厚度值及隧道直径值进行模拟,对于均质砂土层,具体的模拟工况如表 C-2 所示,对于均质黏土层,只取 D 为 10 m 的情况进行模拟分析图 C-3。

表 C-2　　　　　　不同工况 H 及 D 值

组别	H/m	D/m
①	10	10
②	20	10

组别	H/m	D/m
③	30	10
④	50	10
⑤	15	15
⑥	30	15
⑦	45	15
⑧	20	20
⑨	40	20
⑩	60	20

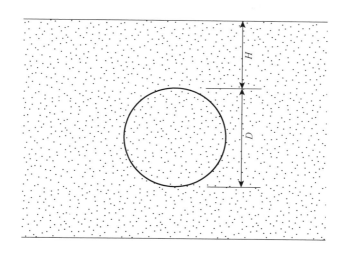

图 C-3　不同工况模拟示意图

C.3.2　模型建立

Plaxis 提供了隧道单元模拟土中的盾构隧道结构以得到相应的力学特征,隧道衬砌结构的板单元参数如表 C-3 所示。选取四种工况为代表,其模型的网格划分如图 C-4 所示。

表 C-3　　　　　　　衬砌单元参数

EA（轴向刚度）	1.4×10^7 kN/m
EI（抗弯刚度）	1.43×10^5 kN/m^2/m
d（厚度）	0.35 m
w（重度）	8.4 kN/m^3
μ（泊松比）	0.15

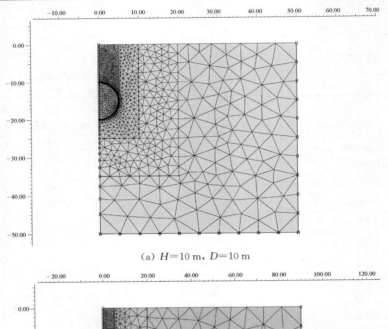

(a) $H=10$ m，$D=10$ m

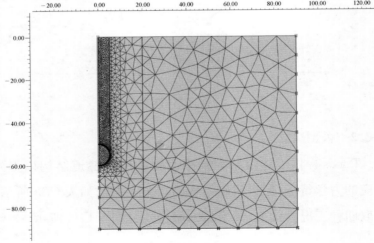

(b) $H=50$ m，$D=10$ m

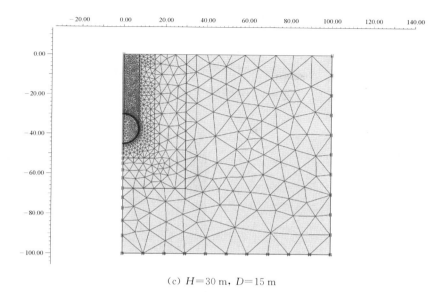

（c）$H = 30\,\mathrm{m}$，$D = 15\,\mathrm{m}$

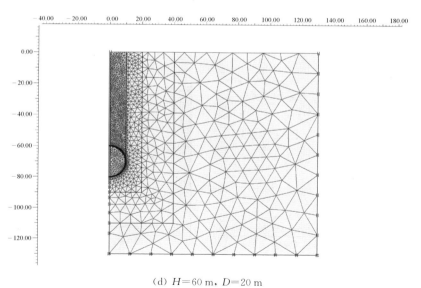

（d）$H = 60\,\mathrm{m}$，$D = 20\,\mathrm{m}$

图 C-4　不同工况网格划分图

C.3.3 结果分析

C.3.3.1 位移结果分析

如图 C-5 所示为第⑦₂层均质土体中开挖隧道,不同工况的网格变形图,图 C-6 为第④层均质土体中开挖隧道,不同工况的网格变形图。

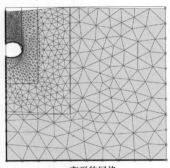

变形的网格
最大总位移19.26×10⁻³ m
(位移缩,放200.00倍)

(a) $H=10$ m,$D=10$ m

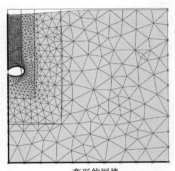

变形的网格
最大总位移22.36×10⁻³ m
(位移缩,放200.00倍)

(b) $H=20$ m,$D=10$ m

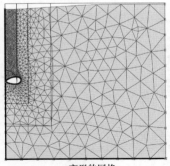

变形的网格
最大总位移25.20×10⁻³ m
(位移缩,放200.00倍)

(c) $H=30$ m,$D=10$ m

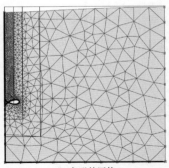

变形的网格
最大总位移35.25×10⁻³ m
(位移缩,放200.00倍)

(d) $H=50$ m,$D=10$ m

变形的网格

最大总位移42.81×10^{-3} m

（位移缩，放200.00倍）

（e）$H=15$ m，$D=15$ m

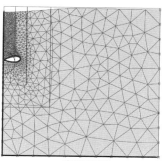

变形的网格

最大总位移46.69×10^{-3} m

（位移缩，放200.00倍）

（f）$H=30$ m，$D=15$ m

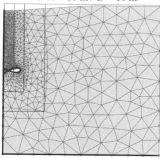

变形的网格

最大总位移51.64×10^{-3} m

（位移缩，放200.00倍）

（g）$H=45$ m，$D=15$ m

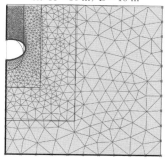

变形的网格

最大总位移62.03×10^{-3} m

（位移缩，放100.00倍）

（h）$H=20$ m，$D=20$ m

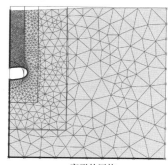

变形的网格

最大总位移66.04×10^{-3} m

（位移缩，放100.00倍）

（i）$H=40$ m，$D=20$ m

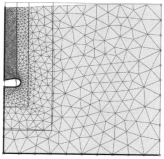

变形的网格

最大总位移72.48×10^{-3} m

（位移缩，放100.00倍）

（j）$H=60$ m，$D=20$ m

图 C-5　砂土工况网格变形图

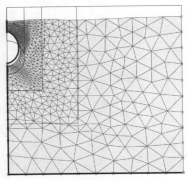

变形的网格

最大总位移$20.56×10^{-3}$ m

（位移缩，放200.00倍）

（a）$H=10$ m，$D=10$ m

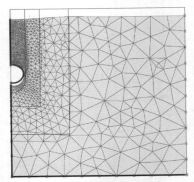

变形的网格

最大总位移$18.15×10^{-3}$ m

（位移缩，放200.00倍）

（b）$H=20$ m，$D=10$ m

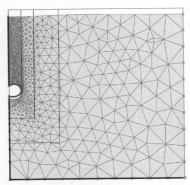

变形的网格

最大总位移$20.99×10^{-3}$ m

（位移缩，放200.00倍）

（c）$H=30$ m，$D=10$ m

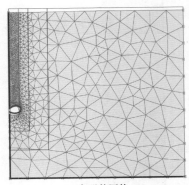

变形的网格

最大总位移$26.13×10^{-3}$ m

（位移缩，放200.00倍）

（d）$H=50$ m，$D=10$ m

图 C-6　黏土工况网格变形图

从图 C-5、图 C-6 中可见,在砂土中开挖隧道,对于地表沉降的影响范围在以隧道中心为半径的一定范围内,且随着埋深的增大,影响范围也有所增大;而在淤泥质黏土中开挖隧道,在模拟的土体范围内,地表均有一定的沉降且较均匀。

如图 C-7—图 C-9 所示为砂土中 10 m、15 m、20 m 直径隧道不同埋深垂直位移云图。

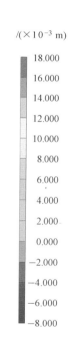

$l/(\times 10^{-3}\ \mathrm{m})$

18.000
16.000
14.000
12.000
10.000
8.000
6.000
4.000
2.000
0.000
-2.000
-4.000
-6.000
-8.000

垂直位移(U_y)
极值$U_y 16.77 \times 10^{-3}$ m

(a) $H = 10$ m

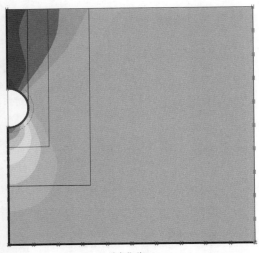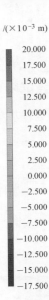

$/(\times 10^{-3}\ \text{m})$

垂直位移(U_y)

极值U_y 18.85×10^{-3} m

（b）H=20 m

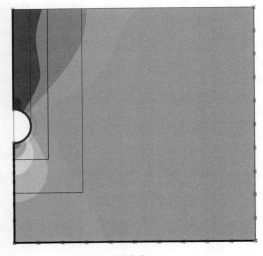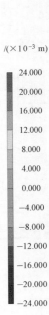

$/(\times 10^{-3}\ \text{m})$

垂直位移(U_y)

极值U_y−21.25×10^{-3} m

（c）H=30 m

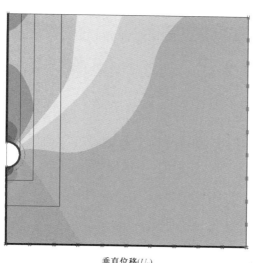

$/(\times 10^{-3}\ \mathrm{m})$

28.000
24.000
20.000
16.000
12.000
8.000
4.000
0.000
-4.000
-8.000
-12.000
-16.000
-20.000
-24.000
-28.000
-32.000

垂直位移(U_y)
极值U_y—30.01×10⁻³ m

（d）$H=50\ \mathrm{m}$

图 C-7　砂土中 10 m 直径隧道不同埋深垂直位移云图

从图 C-7 可见,对于盾构隧道直径为 10 m 的各种工况,隧道埋深范围以内土体的最大垂直位移均发生在隧道顶部:当埋深 10 m 时为 7.6 mm,当埋深 20 m 时为 15.5 mm,当埋深 30 m 时为 21.1 mm,当埋深 50 m 时为 29.6 mm,隧道顶部的土体最大沉降量随着埋深的增大而增大。由于隧道的开挖回弹,隧道底部会发生一定的隆起:当埋深 10 m 时为 16.8 mm,当埋深 20 m 时为 21.2 mm,当埋深 30 m 时为 20.6 mm,当埋深 50 m 时为 24.5 mm,隧道底部隆起值随着深度的增加而增大。地表沉降的最大值均发生在隧道顶端所对应的地表处:当埋深 10 m 时为 6.1 mm,当埋深 20 m 时为 10.5 mm,当埋深 30 m 时为 13.1 mm,当埋深 50 m 时为 16.4 mm,随着深度的增加而增大,且均小于相同埋深情况下隧道顶部的土体最大沉降量。

对于埋深为 10 m、20 m 工况，隧道底部隆起值大于隧道顶部土体最大沉降值；当埋深达到 30 m 时，隧道底部隆起值与隧道顶部土体最大沉降值几乎相同；当埋深达到 50 m 时，隧道顶部土体最大沉降值大于隧道底部最大隆起值。

同时从图中可以看出，各隧道开挖工况引起的滑动体地表边缘距离隧道中心的水平距离分别为：当埋深 10 m 时为 13 m，当埋深 20 m 时为 20 m，当埋深 30 m 时为 35 m，当埋深 50 m 时为 65 m，影响范围随着深度的增大而增大。

从图 C-8 可见，对于盾构隧道直径为 15 m 的各种工况，隧道埋深范围以内土体的最大垂直位移均发生在隧道顶部：当埋

$/(\times 10^{-3}\ \mathrm{m})$

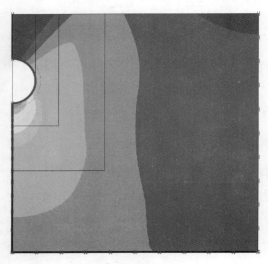

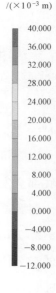

垂直位移(U_y)
极值U_y37.76×10^{-3} m

(a) $H=15$ m

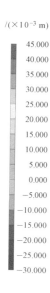

$/(\times10^{-3}\ \text{m})$

垂直位移(U_y)
极值U_y40.18$\times10^{-3}$ m

（b）$H=30$ m

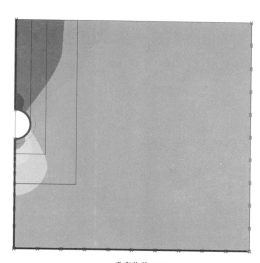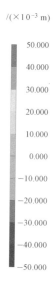

$/(\times10^{-3}\ \text{m})$

垂直位移(U_y)
极值U_y43.39$\times10^{-3}$ m

（c）$H=45$ m

图 C-8　砂土中 15 m 直径隧道不同埋深垂直位移云图

深 15 m 时为 9.1 mm,当埋深 30 m 时为 27.3 mm,当埋深 45 m 时为 45.7 mm,隧道顶部的土体最大沉降量随着埋深的增大而增大。由于隧道的开挖回弹,隧道底部会发生一定的隆起:当埋深 15 m 时为 37.4 mm,当埋深 30 m 时为 40.2 mm,当埋深 45 m 时为 43.4 mm,隧道底部隆起值随着深度的增加而增大。地表沉降的最大值均发生在隧道顶端所对应的地表处:当埋深 15 m 时为 6.7 mm,当埋深 30 m 时为 18.6 mm,当埋深 45 m 时为 26.3 mm,随着深度的增加而增大,且均小于相同埋深情况下隧道顶部的土体最大沉降量。

对于埋深为 10 m、30 m 的工况,隧道底部隆起值大于隧道顶部土体最大沉降值;当埋深达到 45 m 时,隧道底部隆起值与隧道顶部土体最大沉降值几乎相同。

同时从图 C-8 中可以看出,各隧道开挖工况引起的滑动体地表边缘距离隧道中心的水平距离分别为:埋深 15 m 时为 20 m,埋深 30 m 时为 36 m,埋深 45 m 时为 47 m,影响范围随着深度的增大而增大。

从图 C-9 可见,对于盾构隧道直径为 20 m 的各种工况,隧道埋深范围以内土体的最大垂直位移均发生在隧道顶部:当埋深 20 m 时为 13.8 mm,当埋深 40 m 时为 42.3 mm,当埋深 60 m 时为 63.2 mm,隧道顶部的土体最大沉降量随着埋深的增大而增大。由于隧道的开挖回弹,隧道底部会发生一定的隆起:当埋深 20 m 时为 55.7 mm,当埋深 40 m 时为 58.0 mm,当埋深 60 m 时为 62.6 mm,隧道底部隆起值随着深度的增加而增大。地表沉降的最大值均发生在隧道顶端所对应的地表处:当埋深 20 m

时为 8.8 mm,当埋深 40 m 时为 30.7 mm,当埋深 60 m 时为 43.2 mm,随着深度的增加而增大,且均小于相同埋深情况下隧道顶部的土体最大沉降量。

对于埋深为 20 m、40 m 的工况,隧道底部隆起值大于隧道顶部土体最大沉降值;当埋深达到 60 m 时,隧道底部隆起值与隧道顶部土体最大沉降值几乎相同。

同时从图 C-9 中可以看出,各隧道开挖工况引起的滑动体地表边缘距离隧道中心的水平距离分别为:埋深 20 m 时为 26 m,埋深 40 m 时为 46 m,埋深 60 m 时为 78 m,影响范围随着深度的增大而增大。

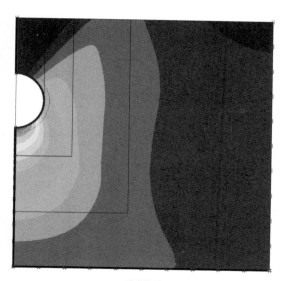
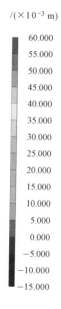

$l/(\times 10^{-3}\ \text{m})$

垂直位移(U_y)
极值U_y55.99$\times 10^{-3}$ m

(a) $H=20$ m

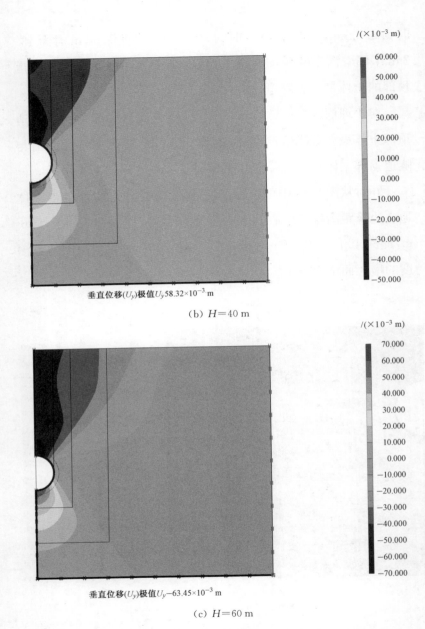

垂直位移(U_y)极值U_y 58.32×10^{-3} m

(b) $H=40$ m

垂直位移(U_y)极值U_y −63.45×10^{-3} m

(c) $H=60$ m

图 C-9 砂土中 20 m 直径隧道不同埋深垂直位移云图

综合第⑦₂砂土层不同埋深不同直径的各工况模拟结果，可以看出在砂土层中进行盾构隧道开挖，隧道埋深范围以内土体的最大垂直位移均发生在隧道顶部，且随着埋深的增大而增大；由于开挖回弹，隧道底部会发生一定的隆起，且最大隆起值随着深度的增加而增大。当 $H/D < 3$ 时，隧道底部最大隆起值大于隧道顶部土体最大沉降值；当 $H/D = 3$ 时，隧道底部最大隆起值与隧道顶部土体最大沉降值几乎相同，当 $H/D > 3$ 时，隧道顶部土体最大沉降值大于隧道底部最大隆起值。

隧道开挖引起的地表沉降最大值均发生在隧道顶端所对应的地表处，且随着深度的增加而增大，但均小于相同埋深情况下隧道顶部的土体最大沉降量；同时开挖引起的滑动体范围随着深度的增加而增大。

如图 C-10 所示为淤泥质黏土中 10 m 直径隧道不同埋深垂直位移云图。从图中可以看到，不同于砂土中相同埋深相同尺寸的盾构隧道开挖工况，隧道埋深范围以内土体的最大垂直位移并非发生在隧道顶部，而是发生在地表；隧道开挖引起的地表沉降也比较均匀，而非最大值处于隧道顶端所对应的地表处；开挖引起的滑动体范围也远大于在砂土中开挖的工况。同时，隧道底部最大隆起值一直大于隧道顶部土体最大沉降值。

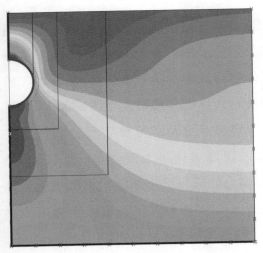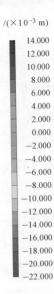

垂直位移(U_y)
极值$U_y$$-20.56\times10^{-3}$ m

(a) $H=10$ m

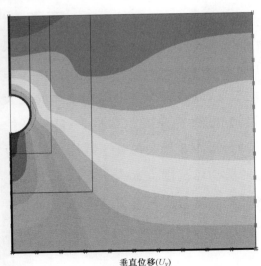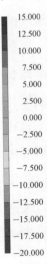

垂直位移(U_y)
极值$U_y$$-18.15\times10^{-3}$ m

(b) $H=20$ m

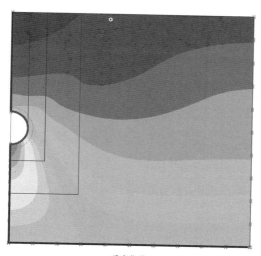

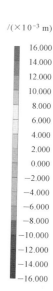

/(×10⁻³ m)

垂直位移(U_y)
极值U_y15.74×10⁻³ m

（c）H=30 m

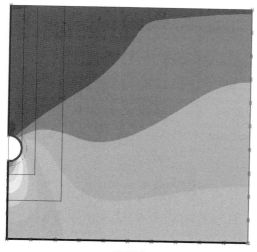

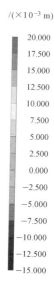

/(×10⁻³ m)

垂直位移(U_y)
极值U_y19.05×10⁻³ m

（d）H=50 m

图 C-10　淤泥质黏土中 10 m 直径隧道不同埋深垂直位移云图

C.3.3.2　应力结果分析

如图 C-11 所示为砂土中 10 m 直径隧道不同埋深上覆土压力值对比曲线图。从图中可以看出,对于埋深 10 m 的工况,上覆土压力最小值 75.5 kPa,位于隧道顶部中心点处,随后迅速增大,大约在距离隧道中心 1 m 处的位置即开始达到稳定值 96 kPa,近似等于土柱理论计算所得值 95 kPa;对于埋深 20 m 的工况,上覆土压力最小值 109.6 kPa,位于隧道顶部中心点处,随后迅速增大,大约在距离隧道中心 1.5 m 处的位置即开始达到稳定值 192 kPa,近似等于土柱理论计算所得值 190 kPa。

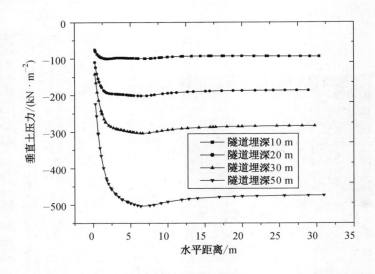

图 C-11　砂土中 10 m 直径盾构隧道不同埋深上覆土压力变化图

不难看出,对于埋深 10 m 及 20 m 的工况,上覆土压力最小值均发生在隧道顶部中心点处,随后迅速增大,在距离隧道中心 1~1.5 m 处的位置即开始达到稳定,稳定值即为土柱压力理论所得的上覆土压力值。这是因为在 10 m 及 20 m 埋深下,隧道中心处由于发生一定的沉降,造成应力释放,造成此处上覆土压力值较小,但由于沉降影响范围很小,因此沉降影响范围以外的土体未受扰动,应力仍保持为初始地应力,即土柱理论得到的上覆土压力值。

对于埋深 30 m 的工况,上覆土压力最小值 141.8 kPa,位于隧道顶部中心点处,随后呈指数型增大,大约在距离隧道中心 4.9 m 处的位置即开始达到相对稳定值 287 kPa,从此点开始上覆土压力又有一个缓慢增大再减小的过程,最大值出现在距离隧道中心 6.6 m 处的位置,达到 303.5 kPa,最小值出现在未受扰动的区域,为 283 kPa,近似等于土柱理论计算所得值 285 kPa;对于埋深 50 m 的工况,上覆土压力最小值 223.9 kPa,位于隧道顶部中心点处,随后呈指数型增大,大约在距离隧道中心 5 m 处的位置即开始达到相对稳定值 484 kPa,从此点开始上覆土压力又有一个缓慢增大再减小的过程,最大值出现在距离隧道中心 6.3 m 处的位置,达到 503.6 kPa,最小值出现在未受扰动的区域,为 474 kPa,近似等于土柱理论计算所得值 475 kPa。

对于埋深 30 m 及 50 m 的工况,上覆土压力最小值同样发生在隧道顶部中心点处,但是不同于埋深 10 m 及 20 m 的工况,上覆土压力值随后呈指数型增大,在距离隧道中心点 1 倍隧道半径的位置即隧道边缘处达到相对稳定,此后上覆土压力又有一个缓慢增大再减小的过程,最小值出现在未受扰动的区域。出现这种现象是因为砂性土具有足够的抗剪强度进行应力转移,同时在 30 m 及 50 m 埋深的工况下,已经足以形成稳定的拱脚承担转移的应力,即此时在盾构隧道上方直径范围内,已有明显的土拱效应,造成隧道两侧上覆土压力有所增大。

如图 C-12 所示为砂土中 15 m 直径隧道不同埋深上覆土压力值对比曲线图。从图中可以看出,对于埋深 15 m 的工况,上覆土压力最小值 104.5 kPa,位于隧道顶部中心点处,随后迅速增大,大约在距离隧道中心 1.5 m 处的位置即开始达到稳定值 147 kPa,近似等于土柱理论计算所得值 142.5 kPa;对于埋深 30 m 的工况,上覆土压力最小值 160.3 kPa,位于隧道顶部中心点处,随后迅速增大,大约在距离隧道中心 2.5 m 处的位置即开始达到稳定值 288 kPa,近似等于土柱理论计算所得值 285 kPa。

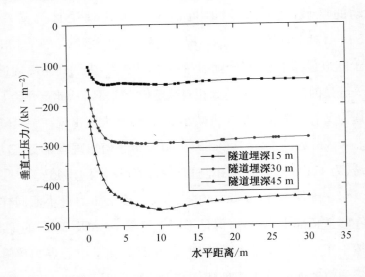

图 C-12　砂土中 15 m 直径盾构隧道不同埋深上覆土压力变化图

对于埋深 15 m 及 30 m 的工况,上覆土压力最小值均发生在隧道顶部中心点处,随后迅速增大,在距离隧道中心 1.5～

2.5 m 处的位置即开始达到稳定,稳定值即为土柱压力理论所得的上覆土压力值。这是因为在 15 m 及 30 m 埋深下,隧道中心处由于发生一定的沉降,造成应力释放,造成此处上覆土压力值较小,但由于沉降影响范围很小,因此沉降影响范围以外的土体未受扰动,应力仍保持为初始地应力,即土柱理论得到的上覆土压力值。

对于埋深 45 m 的工况,上覆土压力最小值 238.7 kPa,位于隧道顶部中心点处,随后呈指数型增大,大约在距离隧道中心 7 m 处的位置即开始达到相对稳定,从此点开始上覆土压力又有一个缓慢增大再减小的过程,最大值出现在距离隧道中心 10 m 处的位置,达到 461.7 kPa,最小值出现在未受扰动的区域,为 430 kPa,近似等于土柱理论计算所得值 427.5 kPa。出现这种现象首先是因为砂性土具有足够的抗剪强度进行应力转移,同时在 45 m 埋深的工况下,已经足以形成稳定的拱脚,来承担转移的应力,即此时在盾构隧道上方直径范围内,已有明显的土拱效应,造成隧道两侧上覆土压力有增大的趋势,随后再趋于稳定。

如图 C-13 所示为砂土中 20 m 直径隧道不同埋深上覆土压力值对比曲线图。从图中可以看出,对于埋深 20 m 的工况,上覆土压力最小值 135.4 kPa,位于隧道顶部中心点处,随后迅速增大,大约在距离隧道中心 1.8 m 处的位置即开始达到稳定值 186 kPa,近似等于土柱理论计算所得值 190 kPa;对于埋深 40 m 的工况,上覆土压力最小值 224 kPa,位于隧道顶部中心点处,随后迅速增大,大约在距离隧道中心 4 m 左右处的位置即开始达到稳定值 382 kPa,近似等于土柱理论计算所得值 380 kPa。

对于埋深 20 m 及 40 m 的工况,上覆土压力最小值均发生在隧道顶部中心点处,随后迅速增大,在距离隧道中心 1.8～4 m处的位置即开始达到稳定,稳定值即为土柱压力理论所得的上覆土压力值。这是因为在 20 m 及 40 m 埋深下,隧道中心处由于发生一定的沉降,造成应力释放,造成此处上覆土压力值较小,但由于沉降影响范围很小,因此沉降影响范围以外的土体未受扰动,应力仍保持为初始地应力,即土柱理论得到的上覆土压力值。

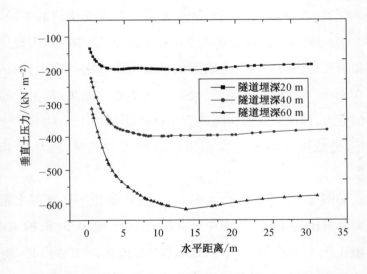

图 C-13 砂土中 20 m 直径盾构隧道不同埋深上覆土压力变化图

对于埋深 60 m 的工况,上覆土压力最小值 314.2 kPa,位于隧道顶部中心点处,随后呈指数型增大,大约在距离隧道中心

10 m 左右处的位置即开始达到相对稳定,从此点开始上覆土压力又有一个缓慢增大再减小的过程,最大值出现在距离隧道中心 13 m 处的位置,达到 618 kPa,最小值出现在未受扰动的区域,为 585 kPa,近似等于土柱理论计算所得值 570 kPa。出现这种现象首先是因为砂性土具有足够的抗剪强度进行应力转移,同时在 60 m 埋深的工况下,已经足以形成稳定的拱脚,来承担转移的应力,即此时在盾构隧道上方直径范围内,已有明显的土拱效应,造成隧道两侧上覆土压力有增大的趋势,随后再趋于稳定。

可以看到,对于 10 m, 15 m, 20 m 三种直径的盾构隧道在埋深达到 3 倍隧道直径时,上覆土压力最小值均出现在隧道顶部中心点处,随后呈指数型增大,大约在距离隧道中心 1 倍半径处即隧道边缘处开始达到相对稳定值 P_0,从此点上覆土压力有个起伏很小的增大再减小的过程,直到达到最终稳定值 P,P_0 值近似等于最终稳定值 P,即土柱理论计算所得值。这是因为在 H/D 比值为 3 的情况下,已经形成稳定的拱脚来承担转移的应力,在盾构隧道上方直径范围内有明显的土拱效应,造成隧道两侧上覆土压力有增大的趋势,随后再趋于稳定。

为了探究在 H/D 比值为 3 的工况下上土拱效应的产生与上部土体位移的关系,以进一步得到盾构隧道上覆土压力的分布规律,现给出不同直径隧道上部土体的竖向位移局部放大图(图 C-14)。

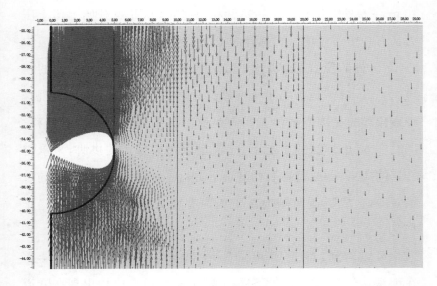

(a) $H=30$ m, $D=10$ m

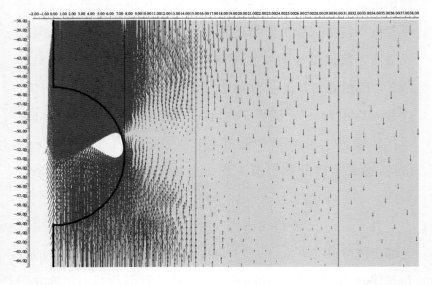

(b) $H=45$ m, $D=15$ m

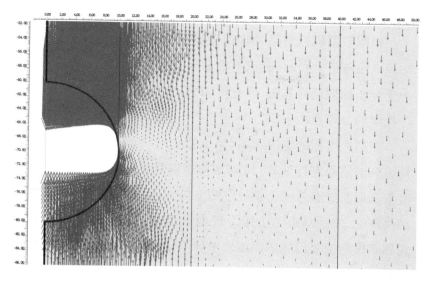

（c）$H=60$ m，$D=20$ m

图 C-14　砂土中 H/D 为 3 的工况下隧道上部土体竖向位移放大图

可以看到，在 H/D 比值为 3 的工况下，隧道上部土体的塌落范围一般限制在隧道直径范围内，此范围内土体构成滑动的土柱，土体整体向下塌落产生的剪切力会带动两侧的土体产生一定的向下位移，塌落土体与两侧土体之间存在着明显的位移差，因此在二者之间形成明显的剪切带，这与周小文等的砂土中隧洞开挖离心模型试验得到的结果较为一致。

由于滑动土柱与两侧土体的相对位移差，滑动土体本身的重度通过土体本身的抗剪强度产生应力转移，同时在 H/D 比值达到 3 的情况下已经能够形成足够承受转移而来应力的拱脚，致使隧道两侧土体的竖直土压力对比土体的重度略有增大，而隧道上部土体的数值土压力有所减小，此即土压力的拱效应。

C.3.3.3 隧道上覆土压力计算

根据数值模拟结果及理论分析,在砂土中的盾构隧道埋深达到 3 倍隧道直径时,隧道上覆土压力已有明显的拱效应,其值小于全土柱理论计算值,因此将 H/D 比值达到 3 的埋深作为深埋浅埋的分界点。

在超大埋深的工况下,如果上覆土压力按照全土柱理论计算得到的结果进行计算,衬砌结构很难满足断面强度和变形的要求。目前能够考虑土拱效应的土压力计算方法主要有普式卸载拱理论、太沙基松弛土压力理论以及比尔鲍曼理论。由于普式卸载拱理论假设隧道周围岩土体为无内聚力的散体且计算结果只与拱的跨度有关,而与断面形式、上覆岩土层厚度、施工方法等无关,更加适合深埋岩石隧道的土压力计算,因此在上海地区地质条件下盾构隧道上覆土压力的计算中不予考虑。本文以上海⑦₂层砂土条件下,直径分别为 10 m,15 m,20 m 的不同埋深盾构隧道为例,将按照全土柱理论、太沙基松弛土压力理论以及比尔鲍曼理论得到的上覆土压力随埋深变化的计算结果进行对比分析。

根据不同土压力计算方法得到的直径 10 m,15 m,20 m 的盾构隧道上覆土压力值随隧道埋深变化的曲线如图 C-15—图 C-17 所示。

对于隧道直径 10 m 的不同工况,埋深 10 m 以内三种土压力计算理论得到的数值基本一致,10 m 以后全土柱理论得到的土压力值远大于太沙基松弛土压力理论及比尔鲍曼理论所得值,且差值随着埋深的增加而迅速增大;在 0~25 m 的埋深内,

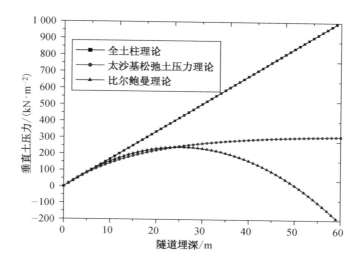

图 C-15 不同计算方法隧道($D=10\text{ m}$)上覆土压力随深度变化曲线

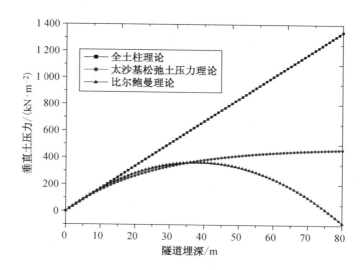

图 C-16 不同计算方法隧道($D=15\text{ m}$)上覆土压力随深度变化曲线

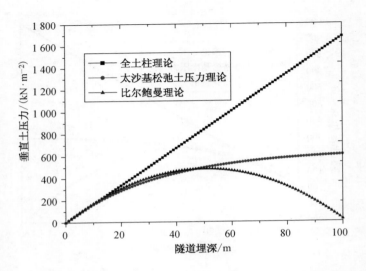

图 C-17 不同计算方法隧道(D=20 m)上覆土压力随深度变化曲线

太沙基松弛土压力理论与比尔鲍曼理论计算的结果非常接近，在25 m之后太沙基公式得到的土压力随着埋深的增大缓慢增大，在40 m之后几乎不再随埋深而变化，而比尔鲍曼理论得到的土压力值在25 m之后出现反弯现象急剧减小，当埋深50 m时土压力开始呈现负值，这显然不符合实际情况。

对于隧道直径15 m的不同工况，埋深15 m以内三种土压力计算理论得到的数值基本一致，15 m以后全土柱理论得到的土压力值远大于太沙基松弛土压力理论及比尔鲍曼理论所得值，且差值随着埋深的增加而迅速增大；在0~35 m的埋深内，太沙基松弛土压力理论与比尔鲍曼理论计算的结果非常接近，在35 m之后太沙基公式得到的土压力随着埋深的增大缓慢增大，在60 m之后几乎不再随埋深而变化，而比尔鲍曼理论得到的土压力值在 35 m 之后出现反弯现象急剧减小,当埋深 75 m 时土压力开始呈现负值。

对于隧道直径 20 m 的不同工况,埋深 20 m 以内三种土压力计算理论得到的数值基本一致,20 m 以后全土柱理论得到的土压力值远大于太沙基松弛土压力理论及比尔鲍曼理论所得值,且差值随着埋深的增加而迅速增大;在 0~50 m 的埋深范围内,太沙基松弛土压力理论与比尔鲍曼理论计算的结果非常接近,在 50 m 之后太沙基公式得到的土压力随着埋深的增大缓慢增大,比尔鲍曼理论得到的土压力值在 50 m 处急剧减小,当埋深 100 m 时上覆土压力已趋近于零,这显然与事实不符。

不难看出,对于同一直径的隧道,在一倍隧道直径的埋深内,三种理论计算所得的隧道上覆土压力值基本相同,大于一倍隧道直径的埋深时,全土柱理论所得值大于太沙基松弛土压力理论及比尔鲍曼理论,且差值随着埋深的增加而增大。太沙基松弛土压力理论及比尔鲍曼理论均考虑到了土拱效应,在一定的埋深内,二者的计算值比较接近,随着埋深的继续增大,太沙基松弛理论值缓慢增大而比尔鲍曼值却开始减小,甚至出现负值,这与事实显然不符。

C. 4 改进的隧道上覆土压力公式

经过上文的分析可以发现,相比全土柱理论及比尔鲍曼理论,在深层范围内太沙基松弛土压力理论更加符合盾构隧道上覆土压力的变化趋势,但是仍存在着一些不足之处,需要加以改进。

(1) 首先,为了推导方便,太沙基松弛土压力理论假定上覆土压力在水平方向均匀分布。而根据数值模拟的结果,垂直土压力最小值均出现在隧道顶部中心点处,随后呈指数型增大,大约在隧道边缘处开始达到相对稳定值,这与太沙基松弛土压力理论的假设完全不同,如果采用均匀分布的假定会带来很大的误差。

(2) 其次,太沙基理论假定隧道开挖后两侧的岩土体会产生 2 个与侧壁夹角呈 $45°-\varphi/2$ 的破裂面,上覆岩土体沿着破裂面向下移动,而根据数值模拟以及砂土中隧洞开挖离心模型试验结果,大深度埋深下隧道上部土体的塌落范围限制在隧道直径范围内,这是因为土柱破坏的时候隧道两侧的土体仍未达到主动破坏模式。

(3) 再次,太沙基松弛土压力理论假设隧道上方产生的滑动面连续发生到地面,滑动体与两侧的土体产生相对位移,从而产生阻碍滑动体向下运动的力,即摩擦力,其本质上是土体的抗剪强度起作用。而通过对深埋隧道单元体侧面的竖直向上的侧向摩擦力进行计算,可以发现,当滑落单元体的宽度为隧道直径时,产生的摩擦力值远远大于隧道顶部单元体的自重,这明显是不合理的,这说明太沙基松弛土压力理论假设的滑动面连续发生到地面有待商榷。根据数值模拟的结果来看,隧道由于上部与下部受压,隧道左侧与右侧向土体移动,此时土体受到隧道挤压,沿偏离隧道方向水平移动,这与太沙基活动门试验中土体下滑的趋势显然也是不相符的。

（4）最后，太沙基松弛土压力公式中的侧压力系数 k_0 取值不同，可能造成计算结果相差很大。太沙基根据滑动门试验中心线的土压力测量结果，建议 k_0 取值 1.0，笔者认为这是没有充分依据的。滑动面上的土体单元达到极限平衡状态，与中心线土体单元的应力状态相差很大，因此侧压力系数 k_0 并不能简单取值为 1.0（图 C-18）。

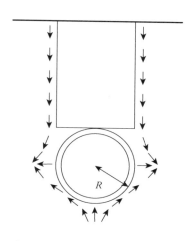

图 C-18 隧道周边土体位移示意图

综上所述，太沙基松弛土压力理论存在较多不合理的假设：在实际工程中，隧道周边土体位移显然与太沙基活动门土体移动趋势不符；隧道顶部垂直土压力分布并不是呈均布分布；隧道顶部塌落体单元宽度还有待商榷；塌落体单元体两侧并不是全是滑移面区域，不应全部计入落体单元体两侧竖直向上的侧向摩擦力。因此，需要进行针对性改进。

C.4.1 塌落范围

根据深层情况下不同工况隧道上覆土压力的数值模拟结果，隧道上部土体的塌落范围一般限制在隧道直径范围内，同时参考周小文等的砂土中隧洞开挖离心模型试验结果，本次改进公式塌落区域宽度取为隧道的直径。

C.4.2　垂直土压力分布情况

由隧道开挖引起的土体沉降问题在工程界一直受到格外重视,对于瞬时地表沉降问题,实测资料较多,理论研究也较充分,已经能较好地为实际工程提供指导和分析;但是对于地表以下土体的瞬时沉降,实测资料则比较少(图C-19)。

根据 Mair 瞬时沉降计算方法,通常认为,由隧道开挖引起的瞬时沉降槽的形状可以用高斯分布函数表示为

$$S = S_{\text{max}} \cdot e^{-x^2/2i^2} \tag{C-1}$$

式中　S——地表任意一点的沉降值;

S_{max}——地表的最大沉降值,位于隧道中心线上方;

x——任意一点距离隧道中心线的水平距离;

i——沉降槽的宽度系数,其定义为从隧道中心线到沉降槽反弯点的水平距离。

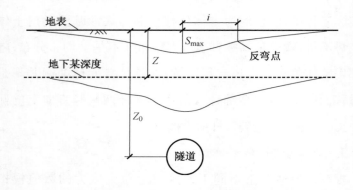

图 C-19　地表及地表以下土体沉降示意图

将隧道顶部塌落体看作是弹性地基梁处理,在进行地铁隧

道及其他地下工程结构设计时,地表的最大沉降值 S_{max} 很难精确取值,同时不同土体的抗力系数也难以确定,通过分析上文不同直径盾构隧道埋深达到 3 倍隧道直径时上覆土压力模拟结果,隧道上覆土压力在距离隧道中心 1 倍半径处即隧道边缘处开始达到相对稳定值 P_0,且 P_0 值近似等于最终稳定值 P,即土柱理论计算所得值 $P = \sum \gamma_i h_i$。

根据以上模拟结果,将深层工况下隧道顶部垂直土压力表达式定义为

$$\sigma_y = P \cdot e^{-\frac{a(x-R_0)^2}{R_0^2}} = \sum_{i=1}^{n} \gamma_i h_i e^{-\frac{a(x-R_0)^2}{R_0^2}} \qquad (C\text{-}2)$$

式中　　σ_y——隧道上覆土压力(kPa);

γ_i——土体重度(kN·m^{-3});

h_i——土层厚度(m);

a——高斯修正系数;

R_0——隧道外半径(m)。

其中,高斯修正系数 a 决定了隧道中心顶部处垂直土压力的大小。

C.4.3　滑移面范围

太沙基松弛土压力理论假设隧道上方产生的滑动面延续到地面,滑动体与两侧的土体产生相对位移,从而产生阻碍滑动体向下运动的力。而通过对深埋隧道单元体侧面的竖直向上的侧向摩擦力进行计算,可以发现当滑落单元体的宽度为隧道直径时,产生的摩擦力值远远大于隧道顶部单元体自重,这明显是不合理的。

如图 C-20 所示为深层下三种不同工况（$H = 30$ m，$D = 10$ m；$H = 45$ m，$D = 15$ m；$H = 60$ m，$D = 20$ m）隧道边缘处（$x = R_0$）的侧土压力值变化图。

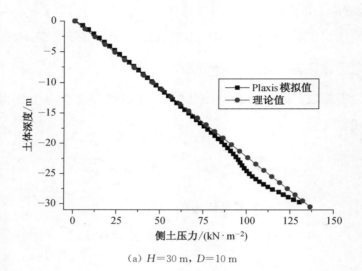

（a）$H = 30$ m，$D = 10$ m

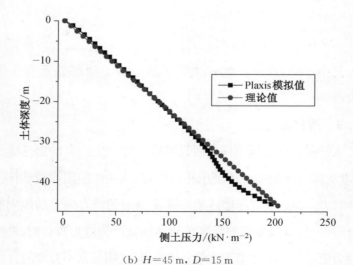

（b）$H = 45$ m，$D = 15$ m

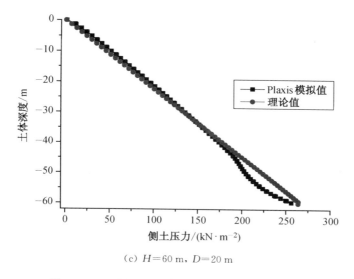

（c）$H=60$ m，$D=20$ m

图 C-20　不同工况隧道边缘处侧土压力值变化图

由图中可以看出，当隧道直径 10 m、埋深 30 m 时，相对于理论值，隧道边缘处侧土压力在距离隧道顶部约 7.5 m 处发生偏差，其值略小于侧土压力理论值；当隧道直径 15 m、埋深 45 m 时，相对于理论值，隧道边缘处侧土压力在距离隧道顶部约 11.5 m 处发生偏差，其值略小于侧土压力理论值；当隧道直径 20 m、埋深 60 m 时，相对于理论值，隧道边缘处侧土压力在距离隧道顶部约 15 m 处发生偏差，其值略小于侧土压力理论值。

经过分析认为，这是由于在隧道上方一定范围内，隧道顶部塌落体单元下滑，土体单元减少，滑移面外侧土体向隧道中心方向移动，侧土压力由静止土压力变为主动土压力；而在此滑动范围以上的土体，由于两侧土体锲体作用，单元体受到约束而没有产生滑动，侧土压力保持为静止土压力。

因此,在深层情况下,本文将距离隧道顶部 1.5 倍 R_0 范围内的土体定义为滑动体,而在滑动体上方的土体与其两侧土体并未发生相对位移,因此并不考虑其产生滑动摩擦力。

综上所述,塌落体单元侧向摩擦力表述如下:

$$F = \int_h^{h-1.5R_0} (k_0 \sigma_y \tan \varphi + c) \mathrm{d}z \qquad (C\text{-}3)$$

C.4.4 公式推导

改进后的太沙基松弛土压力理论的计算简图如图 C-21 所示。

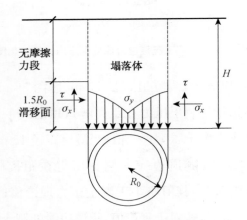

图 C-21 隧道上覆土压力计算简图

根据整体分析可知,隧道顶部土体单元自重为

$$G = 2R_0 \sum_{i=1}^n \gamma_i h_i \qquad (C\text{-}4)$$

作用于单元体上表面的上覆岩土体压力为

$$P = 2\int_0^{R_0} \sigma_y \, \mathrm{d}x \tag{C-5}$$

作用于单元体侧面的竖直向上的侧向摩擦力为

$$F = \int_h^{h-1.5R_0} \lambda (k_0 \sigma_y \tan \varphi + c) \mathrm{d}z \tag{C-6}$$

根据平衡条件：

$$G - P - 2F = 0$$

整理可得：

$$2R_0 \sum_{i=1}^n \gamma_i h_i - 2\int_0^{R_0} \sigma_y \, \mathrm{d}x - 2\int_{h-1.5R_0}^h \lambda (k_0 \gamma_i h_i \tan \varphi_i + c_i) \mathrm{d}z = 0$$

令 $y = x - R_0$，则可得到：

$$\int_0^{R_0} \sigma_y \, \mathrm{d}x = \int_0^{R_0} \mathrm{e}^{-\frac{a(x-R_0)^2}{R_0^2}} \mathrm{d}x = \int_{-R_0}^0 \mathrm{e}^{-\frac{ay^2}{R_0^2}} \mathrm{d}y = \int_0^{R_0} \mathrm{e}^{-\frac{ay^2}{R_0^2}} \mathrm{d}y$$

根据高斯误差函数的定义：

$$erf(x) = \frac{2}{\sqrt{\pi}} \int_0^x \mathrm{e}^{-\eta^2} \mathrm{d}\eta$$

$$\int_0^{R_0} \mathrm{e}^{-\frac{ax^2}{R_0^2}} \mathrm{d}x = \int_0^{R_0} \mathrm{e}^{-a\left(\frac{x}{R_0}\right)^2} \mathrm{d}\left(\frac{x}{R_0}\right) = R_0 \cdot \int_0^1 \mathrm{e}^{-aX^2} \mathrm{d}X$$

令

$$Y = \sqrt{a}X, \quad \int_0^1 \mathrm{e}^{-aX^2} \mathrm{d}X = \frac{1}{\sqrt{a}} \int_0^1 \mathrm{e}^{-(\sqrt{a}X)^2} \mathrm{d}(\sqrt{a}X) = \frac{1}{\sqrt{a}} \int_0^{\sqrt{a}} \mathrm{e}^{-Y^2} \mathrm{d}Y$$

$$\frac{\sqrt{\pi}}{2} \cdot \frac{erf(\sqrt{a})}{\sqrt{a}} = \frac{1}{\sqrt{a}} \int_0^{\sqrt{a}} \mathrm{e}^{-Y^2} \mathrm{d}Y$$

继续整理,得到:

$$\int_0^{R_0} e^{-\frac{ax^2}{R_0^2}} \cdot dx \sum_{i=1}^n \gamma_i h_i = R_0 \sum_{i=1}^n \gamma_i h_i - \sum_{H-1.5R_0}^H \lambda(k_0 \gamma_i h_i \tan \varphi_i + c_i)h_i$$

$$R_0 \cdot \frac{\sqrt{\pi}}{2} \cdot \frac{erf(\sqrt{a})}{\sqrt{a}} \sum_{i=1}^n \gamma_i h_i = R_0 \sum_{i=1}^n \gamma_i h_i - \sum_{H-1.5R_0}^H \lambda(k_0 \gamma_i h_i \tan \varphi_i + c_i)$$

$$\frac{erf(\sqrt{a})}{\sqrt{a}} = \frac{2R_0 \sum_{i=1}^n \gamma_i h_i - 2\sum_{H-1.5R_0}^H \lambda(k_0 \gamma_i h_i \tan \varphi_i + c_i)}{R_0 \cdot \sqrt{\pi} \cdot \sum_{i=1}^n \gamma_i h_i}$$

通过迭代法解此式得出 a 值,代入上式

$$\sigma_y = \sum_{i=1}^n \gamma_i h_i e^{-\frac{a(x-R_0)^2}{R_0^2}}$$

即可得到深层隧道上覆土压力分布情况。

式中　σ_y——隧道上覆土压力(kPa);

　　　γ——土体重度(kN·m^{-3});

　　　φ——土体内摩擦角(°);

　　　c——土体黏聚力(kPa);

　　　k_0——侧压力系数;

　　　H——隧道埋深(m);

　　　λ——侧向摩擦力折减系数,建议取 0.5;

　　　R_0——隧道外半径(m)。

C.4.5　模拟结果与计算公式

以上海⑦$_2$层砂土为例 $c=3$ kPa、$\gamma'=9.5$ KN/m^3、$\phi=$

32.5°。根据改进公式计算得到不同隧道半径、不同埋深时的 σ_y，并将其与有限元模拟结果进行比较（图 C-22）。

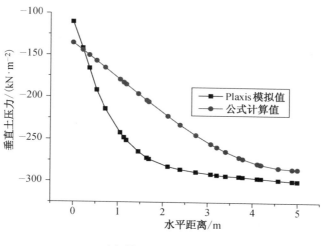

（a）$H=30$ m，$D=10$ m

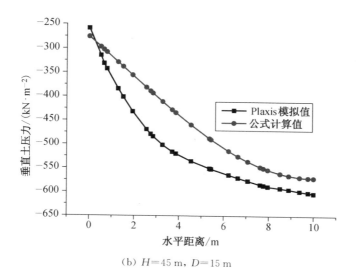

（b）$H=45$ m，$D=15$ m

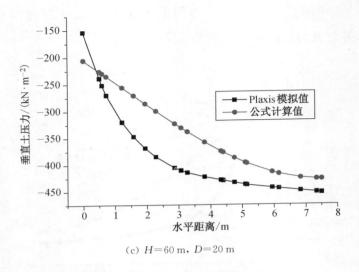

（c）$H = 60\ \mathrm{m}$，$D = 20\ \mathrm{m}$

图 C-22　改进公式计算结果与模拟值对比

由图 C-22 可见，隧道顶部垂直土压力改进公式计算结果曲线与有限元模拟值比较吻合。这表明随着埋深的增加，位于滑移面两侧土体对塌落的锲体作用明显，塌落体整体性保持较好，符合塌落体整体性假设。

C.5　工程实例分析

下面结合实测土压力值分析改进公式计算结果和实测土压力值的关系。表 C-4 汇总了国内多条盾构隧道的测试断面对应的隧道直径、埋深、地质条件、实测垂直水土压力值以及由水土分算计算压力与实测压力的比值。

表 C-4　各隧道地质、埋深条件及实测压力与计算压力比较表

断面编号	隧道名称	外径/m	覆土厚度/m	黏聚力/kPa	摩擦力/(°)	覆土容重/(KN·m⁻³)	改进公式垂直水土压力/kPa	实测垂直水土压力/kPa	地层性质
1	上海地铁某区间隧道	6.2	10.9	11.5	9.2	18	166.2/0.82	204.5	软黏土
2	上海延安东路隧道	11	8 m+13 m 水	3.4	4.6	17.6	230.2/0.74	310	软黏土
3	南京长江隧道	14.5	31.8	9	31	19.6	516.2/1.11	463.6	砂土

由表 C-4 可以看出,处于砂性地层的监测断面 3 改进公式计算结果与实测值十分接近。

第 2 监测断面改进公式计算结果与实测相差较大,为 0.74,这表明黏性地层中垂直荷载的离散性较大,第 1 监测断面与实测值也存在一定差距。

由于砂性地层塌落体单元整体性较好,垂直土压力逐渐增加,在 $x=R_0$ 处达到峰值,其垂直土压力符合高斯函数分布,因此在砂性地层中,使用改进公式计算隧道垂直土压力是可行的。

黏性地层塌落体单元整体性较差,垂直土压力迅速增加并趋于稳定,因此在进行地铁隧道及城市地下工程结构设计时,建议使用全土柱荷载模型计算隧道垂直土压力。

参 考 文 献

［1］尾島俊雄,高橋信之. 东京の大深度地下（建築編）［M］. 東京：早稲田大学出版部,1998.

［2］森麟,小泉淳. 東京の大深度地下（土木編）［M］. 東京：早稲田大学出版部,1999.

［3］Tanimoto K，Takahashi S. Design and construction of caisson breakwaters — the Japanese experience ［J］. Coastal Engineering,1994,22(1):57-77.

［4］Fioravante V，Jamiolkowski M，Lo Presti D C F，et al. Assessment of the coefficient of the earth pressure at rest from shearwave velocity measurements［J］. Geotechnique,1998,48(5):657-666.

［5］马金荣. 深层土的力学特性研究［D］. 徐州：中国矿业大学,1998.

［6］中华人民共和国住房和城乡建设部. JGJ 120—2012 建设基坑支护技术规程［S］. 北京：中国建筑工业出版社,2012.

［7］上海市城乡建设和交通委员会.DG/TJ 08—61—2010 基坑工程技术规范[S].上海：上海标准站,2010.

［8］Xu Z W，Zhou G Q，Liu Z Q，et al. Study on the Test Method of Static Earth Pressure Coefficient of Deep Soils ［J］. Journal of China University of Mining & Technology,2007,17(3):330-334.

［9］Handy R L. The arch in soil arching[J]. J. Geotech. Engrg,1985(111):302-318.

［10］Koyama Y. Present status and technology of shield tunneling method in Japan[J]. Tunnelling and Underground Space Technology,2003,18(2-3):145-159.

［11］孙钧,侯学渊. 上海地区圆形隧道设计的理论和实践[J]. 土木工程学报,1984,03:35-47.

［12］王卫东,王浩然,徐中华. 基坑开挖数值分析中土体硬化模型参数的试验研究[J]. 岩土力学,2012(08):2283-2290.

［13］朱合华,张子新,廖少明. 地下建筑结构[M]. 北京:中国建筑工业出版社,2006.

［14］周小文,濮家骝,包承钢. 砂土中隧洞开挖稳定机理及松动土压力研究[J]. 长江科学院院报,1999,04:10-15.